中国中药资源大典
——中药材系列
中药材生产加工适宜技术丛书
中药材产业扶贫计划

枸杞生产加工适宜技术

总 主 编　黄璐琦
主　　编　陈清平　胡忠庆
副 主 编　谢施祎　李浩然

中国医药科技出版社

内容提要

《中药材生产加工适宜技术丛书》以全国第四次中药资源普查工作为抓手，系统整理我国中药材栽培加工的传统及特色技术，旨在科学指导、普及中药材种植及产地加工，规范中药材种植产业。本书为枸杞生产加工适宜技术，包括：概述、枸杞药用资源、枸杞种植技术、枸杞特色适宜技术、枸杞药材质量评价、枸杞现代研究与应用、枸杞加工与开发等内容。本书适合中药种植户及中药材生产加工企业参考使用。

图书在版编目（CIP）数据

枸杞生产加工适宜技术 / 陈清平，胡忠庆主编．— 北京：中国医药科技出版社，2018.3

（中国中药资源大典．中药材系列．中药材生产加工适宜技术丛书）

ISBN 978-7-5067-9896-9

Ⅰ．①枸… Ⅱ．①陈… ②胡… Ⅲ．①枸杞－栽培技术 ②枸杞－中药加工 Ⅳ．① S567.1

中国版本图书馆 CIP 数据核字（2018）第 013178 号

美术编辑 陈君杞
版式设计 锋尚设计

出版 中国医药科技出版社
地址 北京市海淀区文慧园北路甲 22 号
邮编 100082
电话 发行：010-62227427 邮购：010-62236938
网址 www.cmstp.com
规格 710 × 1000mm $^1/_{16}$
印张 15 $^1/_4$
字数 149 千字
版次 2018 年 3 月第 1 版
印次 2018 年 3 月第 1 次印刷
印刷 北京盛通印刷股份有限公司
经销 全国各地新华书店
书号 ISBN 978-7-5067-9896-9
定价 48.00 元

中药材生产加工适宜技术丛书

—— 编委会 ——

—— 本书编委会 ——

主　　编　陈清平　胡忠庆

副 主 编　谢施袆　李浩然

编写人员　（按姓氏笔画排序）

王少东（中宁县枸杞产业发展服务局）
王瑞华（中宁县枸杞产业发展服务局）
井辉隶（中宁县枸杞产业发展服务局）
田学霞（中宁县枸杞产业发展服务局）
刘　娟（中宁县枸杞产业发展服务局）
江　帆（中宁县枸杞产业发展服务局）
祁慧东（中宁县枸杞产业发展服务局）
孙洪保（中宁县枸杞产业发展服务局）
孙海霞（宁夏农科院植物保护研究所）
严立宁（中宁县枸杞产业发展服务局）
何　嘉（宁夏农科院植物保护研究所）
何月红（中宁县枸杞产业发展服务局）
张秀萍（中宁县枸杞产业发展服务局）
张学忠（中宁县枸杞产业发展服务局）
孟跃军（中宁县枸杞产业发展服务局）
徐利鸿（中宁县枸杞产业发展服务局）
高巨辉（中宁县枸杞产业发展服务局）
郭　洁（中宁县枸杞产业发展服务局）
郭卫春（中宁县枸杞产业发展服务局）

序

我国是最早开始药用植物人工栽培的国家，中药材使用栽培历史悠久。目前，中药材生产技术较为成熟的品种有200余种。我国劳动人民在长期实践中积累了丰富的中药种植管理经验，形成了一系列实用、有特色的栽培加工方法。这些源于民间、简单实用的中药材生产加工适宜技术，被药农广泛接受。这些技术多为实践中的有效经验，经过长期实践，兼具经济性和可操作性，也带有鲜明的地方特色，是中药资源发展的宝贵财富和有力支撑。

基层中药材生产加工适宜技术也存在技术水平、操作规范、生产效果参差不齐问题，研究基础也较薄弱；受限于信息渠道相对闭塞，技术交流和推广不广泛，效率和效益也不很高。这些问题导致许多中药材生产加工技术只在较小范围内使用，不利于价值发挥，也不利于技术提升。因此，中药材生产加工适宜技术的收集、汇总工作显得更加重要，并且需要搭建沟通、传播平台，引入科研力量，结合现代科学技术手段，开展适宜技术研究论证与开发升级，在此基础上进行推广，使其优势技术得到充分的发挥与应用。

《中药材生产加工适宜技术》系列丛书正是在这样的背景下组织编撰的。该书以我院中药资源中心专家为主体，他们以中药资源动态监测信息和技术服务体系的工作为基础，编写整理了百余种常用大宗中药材的生产加工适宜技术。全书从中药材

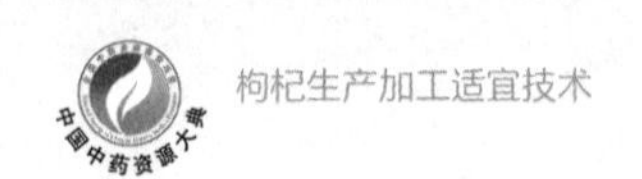

的种植、采收、加工等方面进行介绍，指导中药材生产，旨在促进中药资源的可持续发展，提高中药资源利用效率，保护生物多样性和生态环境，推进生态文明建设。

丛书的出版有利于促进中药种植技术的提升，对改善中药材的生产方式，促进中药资源产业发展，促进中药材规范化种植，提升中药材质量具有指导意义。本书适合中药栽培专业学生及基层药农阅读，也希望编写组广泛听取吸纳药农宝贵经验，不断丰富技术内容。

书将付梓，先睹为悦，谨以上言，以斯充序。

中国中医科学院 院长

中 国 工 程 院 院士 张伯礼

丁酉秋于东直门

总 前 言

中药材是中医药事业传承和发展的物质基础，是关系国计民生的战略性资源。中药材保护和发展得到了党中央、国务院的高度重视，一系列促进中药材发展的法律规划的颁布，如《中华人民共和国中医药法》的颁布，为野生资源保护和中药材规范化种植养殖提供了法律依据；《中医药发展战略规划纲要（2016—2030年）》提出推进"中药材规范化种植养殖"战略布局；《中药材保护和发展规划（2015—2020年）》对我国中药材资源保护和中药材产业发展进行了全面部署。

中药材生产和加工是中药产业发展的"第一关"，对保证中药供给和质量安全起着最为关键的作用。影响中药材质量的问题也最为复杂，存在种源、环境因子、种植技术、加工工艺等多个环节影响，是我国中医药管理的重点和难点。多数中药材规模化种植历史不超过30年，所积累的生产经验和研究资料严重不足。中药材科学种植还需要大量的研究和长期的实践。

中药材质量上存在特殊性，不能单纯考虑产量问题，不能简单复制农业经验。中药材生产必须强调道地药材，需要优良的品种遗传，特定的生态环境条件和适宜的栽培加工技术。为了推动中药材生产现代化，我与我的团队承担了农业部现代农业产业技术体系"中药材产业技术体系"建设任务。结合国家中医药管理局建立的全国中药资源动态监测体系，致力于收集、整理中药材生产加工适宜技术。这些适宜技术限于信息沟通渠道闭塞，并未能得到很好的推广和应用。

本丛书在第四次全国中药资源普查试点工作的基础下，历时三年，从药用资源分布、栽培技术、特色适宜技术、药材质量、现代应用与研究五个方面系统收集、整理了近百个品种全国范围内二十年来的生产加工适宜技术。这些适宜技术多源于基层，简单实用、被老百姓广泛接受，且经过长期实践、能够充分利用土地或其他资源。一些适宜技术尤其适用于经济欠发达的偏远地区和生态脆弱区的中药材栽培，这些地方农民收入来源较少，适宜技术推广有助于该地区实现精准扶贫。一些适宜技术提供了中药材生产的机械化解决方案，或者解决珍稀濒危资源繁育问题，为中药资源绿色可持续发展提供技术支持。

本套丛书以品种分册，参与编写的作者均为第四次全国中药资源普查中各省中药原料质量监测和技术服务中心的主任或一线专家、具有丰富种植经验的中药农业专家。在编写过程中，专家们查阅大量文献资料结合普查及自身经验，几经会议讨论，数易其稿。书稿完成后，我们又组织药用植物专家、农学家对书中所涉及植物分类检索表、农业病虫害及用药等内容进行审核确定，最终形成《中药材生产加工适宜技术》系列丛书。

在此，感谢各承担单位和审稿专家严谨、认真的工作，使得本套丛书最终付梓。希望本套丛书的出版，能对正在进行中药农业生产的地区及从业人员，有一些切实的参考价值；对规范和建立统一的中药材种植、采收、加工及检验的质量标准有一点实际的推动。

2017年11月24日

前　言

宁夏枸杞是多年生茄科落叶灌木，所产果实是我国传统中药材，又是药食两用的滋补保健品，是一种经济效益高、用途广泛、适应性强的经济树种，是我国西北地区的特色经济作物。枸杞原产我国，栽培历史悠久，最早见于殷商时期的甲骨文中有“杞”的记载。我国最早的诗歌总集《诗经》中就有“陟彼北山，言采其杞”“无折我树杞”的诗句，说明我国栽培枸杞至少有两千多年的历史了。

枸杞作为我国重要的“药食同源”功能性特色药材，其药用历史悠久。枸杞全身是宝，根、叶、花、茎、蒂都有保健价值，历代本草对枸杞子的功效均有论述，正如人们所说：“根茎与花实，收拾无弃物。”宁夏枸杞营养丰富，含有单糖、多糖、脂肪、蛋白质、甜菜碱、玉米黄质、酸浆红素、胡萝卜素、维生素B_1、维生素B_2、维生素C、烟酸、十九种氨基酸及铁、锌、锂、硒、锗、钙、磷、钾等微量元素。正是这些特殊营养物质，使得宁夏枸杞具有免疫调节、抗衰老、抗肿瘤、抗疲劳、抗辐射、调节血脂、降血糖、降血压、保护生殖系统、提高视力、提高呼吸道抗病能力、美容养颜、滋润肌肤等多种功效。以枸杞为原料的保健养生食品非常丰富，主要有液态枸杞、枸杞原汁、枸杞籽油、枸杞多糖、枸杞全粉、枸杞饮料、枸杞软糖、枸杞蜂蜜、枸杞香醋、枸杞酒、枸杞茶等枸杞精深加工产品有40多种。

随着我国经济的飞速发展，人们保健意识的增强，枸杞的药用价值和保健作用日益受到重视，销量逐年增加，其市场及产业开发前景十分广阔。2014年全国枸杞种植面积达到230万亩，主要分布在宁夏、青海、甘肃、新疆、内蒙古、河北、山西、陕西、河南等地区，其中以宁夏、青海、甘肃、新疆、内蒙古等地区种植面积最大，形成了中宁枸杞核心区，宁夏枸杞辐射区，青海、甘肃、内蒙古等地枸杞带动区的产业布局。2014年宁夏枸杞种植面积发展到85万亩，青海约44万亩、甘肃约35万亩，新疆约32万亩，内蒙古约20万亩，河北约8万亩，其他地区约有6万亩。全国干果产量约27万吨，年出口1万多吨，出口额为1.2亿美元，枸杞产值超过200亿元。枸杞产业正成为西北贫困地区人民的脱贫产业、致富产业和发家产业。也是我国最具地方特色的健康产业和朝阳产业。

本书主要参考引用了《中国植物志》、彭成《中华道地药材》、周家驹等《中药原植物化学成分手册》、张贵君《中药商品学》、胡忠庆《枸杞优质高产高效综合栽培技术》、钟鉎元《枸杞高产栽培与育种》、李丁仁等《宁夏枸杞》、曹有龙等《枸杞栽培学》、赵世华等《无公害枸杞》、何嘉《枸杞主要病虫害发生规律及调查方法》等书的部分内容和照片以及程蒙提供的部分内容，在此表示感谢！

本书全面介绍了枸杞的植物学特征，生物学特性，栽培历史，药用价值，生长结果习性以及枸杞品种，扦插育苗，栽培建园，枸杞园土、肥、水管理，枸杞树整形修剪，病虫防控，枸杞果实制干、加工、储藏和枸杞特色适宜技术等方面的栽培技术，内容丰富、资料详实，有较强的实用性，可为广大药农、枸杞技术人员、枸杞生产企业提供枸杞生产的系统知识，也可为农业院校师生提供参考。

本书所涉及的内容主要以宁夏中宁地区的枸杞栽培为主，由于我国地域辽阔，各枸杞产区自然条件多变，因而枸杞栽培因地域环境的不同而呈现不同的差异。因此，各地各产区引种枸杞要因地制宜，采取相应的调整措施，灵活运用。

由于作者水平有限，书中疏漏之处在所难免，敬请广大读者批评指正。

编者

2017年10月

目 录

第1章

概 述

枸杞属多年生茄科，药食两用植物，枸杞适应性强，国内外均有分布。全世界该属物种约80种，在全球呈现离散分布，欧亚大陆约有10种，主要分布在中亚；非洲南部分布约20种；北美洲南部约20种；南美洲南部分布最多，达30种，热带地区未发现分布。我国枸杞属主要有7个种、3个变种。7个种分别是：黑果枸杞、新疆枸杞、宁夏枸杞（包括宁杞1号、2号、3号、4号、5号、6号、7号、大麻叶、小麻叶、白条等100余个品种）、柱筒枸杞、枸杞、云南枸杞、截萼枸杞；3个变种分别是：红枝枸杞（为新疆枸杞变种）、北方枸杞（为枸杞变种）、黄果枸杞（为宁夏枸杞变种）。其中宁夏枸杞分布最为广泛，河北、内蒙古、山西、陕西、甘肃、宁夏、新疆、青海等省（自治区）都有野生分布，而中心分布区域是在甘肃河西走廊、青海柴达木盆地以及青海至山西的黄土高原，常生于土层深厚的沟岸、山坡、田埂和宅旁。

枸杞在我国的利用已有2000多年的历史了。《诗经·小雅》上说“陟彼北山，言采其杞”。隋末唐初名医孙思邈的《千金翼方》载：“枸杞甘洲者为真，大体出河西诸郡。”文中河西诸郡泛指黄河上游地方。唐朝诗人刘禹锡诗云：“上品功能甘露味，还知一勺可延龄”，称道枸杞的功能品位，可以延年益寿。宋代著名科学家沈括在《梦溪笔谈》中记载：“枸杞，陕西极边生者，高丈余，大可作柱，叶长数寸，无刺，根皮如厚朴，甘美异于他处者。”指的“极边”可能就是现在的中宁、中卫县一带。宋代苏东坡在《小圃枸杞》一诗中称“根茎与花实，收拾无弃物”，指出枸杞的根、茎、花、果皆可利用。明代李时珍在《本草纲目》中记载枸杞“主五内邪气，热中消渴，周痹风湿。久服，坚筋骨，轻身不老，耐寒暑。下胸胁气，客热头痛，补内伤大劳嘘吸，强阴，利大小肠。补精气诸不足，易颜色，变白，明目安神，令人长寿”。并对枸杞苗、地骨皮、枸杞子气味、主治等项作了详细的论述，还附录了多种医疗配方，这对现代医学应用研究仍有重要的参考价值。

宁夏枸杞中含有单糖、多糖、脂肪、蛋白质、甜菜碱、玉米黄质、酸浆红素、胡萝卜素、维生素B_1、维生素B_2、维生素C、烟酸、十九种氨基酸及铁、锌、锂、硒、锗、钙、磷、钾等微量元素。枸杞浑身是宝，叶、果、根皮均可入药，明代李时珍《本草纲目》记载：“春采枸杞叶，名天精草；夏采花，名长生草；秋采子，名枸杞子；冬采根，名地骨皮。”枸杞果实中含有人体需要的19种氨基酸，总和达9.9mg/100g，枸杞果实中含有的19中氨基酸在叶片、果柄、根茎中也同样含有。枸杞中甜菜碱含量很丰富，为果实干果重的0.98%～1.12%，甜菜碱是枸杞中最主要的生物碱，在人体内是最好的细胞液渗透压调节剂，具有促进生长，抗肿瘤的功效，作为甲基供给体，可以促进脂肪分解和抗脂肪肝的作用。枸杞多糖都是由阿拉伯糖、鼠李糖、木糖、甘露糖、半乳糖、葡萄糖及半乳糖醛组成的酸性杂多糖同多肽或蛋白质构成的复合物，宁夏枸杞多糖含量在5.76%～6.63%，多糖含量随枸杞等级的提高而增加。近年来的医学研究表明，枸杞多糖在机体内有以下十大保健功效：降血糖、降血脂、降血压、抗衰老、抗疲劳、抗肿瘤、调节免疫、保护生殖系统、增强造血功能和健脑功效。枸杞果中的主要色素有胡萝卜素、一羟基叶黄素（隐黄质）、二羟基叶黄素（玉米黄质）以及软脂酸酯（酸浆果红素），其中胡萝卜素作为维生素的植物性来源。类胡萝卜素在人体内具有多种生物活性，对人体的健康有着重要的影响，不仅能作为维生素A的来源，还能在人体内发挥抗氧化的作用，预防多种疾病的发生。研究表明，枸杞类胡萝卜素中的玉米黄素对保护眼睛视力具有重要功能。宁夏枸杞中不饱和脂肪酸较为丰富，占总脂肪酸的45.59%。其中亚油酸含量达30.92%，为主要不饱和脂肪酸，另外还检测出少量亚麻酸，它们均为人体必需的脂肪酸。这些脂肪酸具有降低血压、调节血脂水平、增强胰岛素功能、防止动脉粥样硬化、抗衰老、抗肿瘤、抗氧化等功效，很可能是枸杞具医药保健作用的活性物质。因此，枸杞是非常好的药食两用的保健食品和药材。目前，以枸杞为原料的保健养生食品主要有以下系列产品：液态枸杞、枸杞原汁、枸杞籽油、枸杞多糖、枸杞全粉、枸杞饮料、枸杞软糖、枸杞蜂蜜、枸杞香醋、枸杞酒、枸杞茶等枸杞精深加工产品有40多种。

枸杞的人工驯化应早于唐代，唐朝孙思邈《千金翼方》记录了4种枸杞种植方法；唐朝郭橐驼《种树书》记录了枸杞扦插繁殖技术。宋代吴怿在《种艺必用》中介绍："秋冬间收子，于水盆中挼取，曝干。春，熟地做畦，畦中去土五寸，勾作垄。垄之中覆草稕（zhun），如臂长，与畦等，即以泥涂草稕上。以枸杞子布于泥上，即以细土盖，令遍。又以烂牛粪一重，土一重，令畦平，待苗出，水浇之，堪吃便剪。兼可以插种。"说明那时候人们已经开始人工种植枸杞了。枸杞的集约化栽培应始于20世纪60年代，成熟于80年代后期。新中国成立后，随着中国对外贸易对枸杞需求的扩大和国内医疗卫生事业对枸杞的需求，原产地生产的枸杞远远不能满足市场需求，20世纪60年代以后，除宁夏外，河北、甘肃、新疆、青海、山西、陕西、内蒙古等省区都到宁夏引种枸杞。随着枸杞地位的提高，宁夏的科技工作者对传统的枸杞栽培技术进行了深入研究和改进，改变了分散栽培模式和稀植高大树冠树形，采用大冠矮干和大行距机械化栽培模式，提高了生产管理效率，降低了劳动成本，实现了枸杞连片、集约化的种植栽培格局。枸杞规范化栽培始于20世纪末期。

随着科技的进步和市场对产品质量要求的不断提高，进入20世纪90年代，枸杞科技工作者按照枸杞产品质量“安全、优质、有效、稳定、持续、可控”的技术要求，从枸杞品种、苗木繁育、规范建园、整形修剪、配方施肥、节水灌溉、病虫防控、适时采收、鲜果制干、拣选分级、储藏包装、档案管理等生产环节进行规范，形成了枸杞规范化种植技术体系，并在全国枸杞产区示范推广。在这一阶段，枸杞的生产技术随着市场的要求不断改进，经历了1997—2003年的无公害生产、2002—2008年的绿色食品枸杞生产和2008年至今的出口及有机枸杞生产3个历程。2014年全国枸杞种植面积达到230万亩，主要分布在宁夏、青海、甘肃、新疆、内蒙古、河北、山西、陕西、河南等省（自治区），其中以宁夏、青海、甘肃、新疆、内蒙古等地区种植面积最大，形成了中宁枸杞核心区，宁夏枸杞辐射区，青海、甘肃、内蒙古等地枸杞带动区的产业布局。2014年宁夏枸杞面积发展到85万亩，青海约44万亩，甘肃约35万亩，新疆约32万亩，内蒙古约20万亩，河北约8万亩，其他地区约有6万亩。全国干果产量约27万吨，年出口1万多吨，出口额为1.2亿美元，枸杞产值超过200亿元。

我国古代医家依据枸杞的药性、药效和产地的相关性，提出了宁夏中宁是枸杞的道地产区，这也是这一特色植物资源成为我国乡土树种的主要依据之一。随着栽培模式、灌溉方式、土壤耕作、树体修剪、配方施肥、病虫防控、采收制干、储藏加工等栽培技术不断完善，加上栽植地地理环境、气候条件、土壤质地等因素，要根据所利用的根、茎、叶、花、果实、种子等部位及内含物成分要求，采取不同的采收制干时期、方法，不同的加工、处理、炮制方法，正确处理不同栽培条件下枸杞树体年生育期内营养生长与生殖生长，栽培密度与光照利用，水肥供给与产量、质量等诸多矛盾，有效地协调多种生态因子的相互关系，才能获得高产、稳产、优质、高效、环保、可持续的枸杞产业发展目标。

第2章

枸杞药用资源

一、植物学形态特征与分类检索

枸杞（原变种）*Lycium chinense* Mill. var. *chinense* 为多分枝灌木，高0.5～1m，栽培时可达2m；枝条细弱，弓状弯曲或俯垂，淡灰色，有纵条纹，棘刺长0.5～2cm，生叶和花的棘刺较长，小枝顶端锐尖成棘刺状。叶纸质或栽培者质稍厚，单叶互生或2～4枚簇生，卵形、卵状菱形、长椭圆形、卵状披针形，顶端急尖，基部楔形，长1.5～5cm，宽0.5～2.5cm，栽培者较大，可长达10cm，宽达4cm；叶柄长0.4～1cm。花在长枝上单生或双生于叶腋，在短枝上则同叶簇生；花梗长1～2cm，向顶端渐增粗。花萼长3～4mm，通常3中裂或4～5齿裂，裂片多少有缘毛；花冠漏斗状，长9～12mm，淡紫色，筒部向上骤然扩大，稍短于或近等于檐部裂片，5深裂，裂片卵形，顶端圆钝，平展或稍向外反曲，边缘有缘毛，基部耳显著；雄蕊较花冠稍短，或因花冠裂片外展而伸出花冠，花丝在近基部处密生一圈绒毛并交织成椭圆状的毛丛，与毛丛等高处的花冠筒内壁亦密生一环绒毛；花柱稍伸出雄蕊，上端弓弯，柱头绿色。浆果红色，卵状，栽培者可成长矩圆状或长椭圆状，顶端尖或钝，长7～15mm，栽培者长可达2.2cm，直径5～8mm。种子扁肾脏形，长2.5～3mm，黄色。花果期6～11月（图2-1至图2-5）。

图2-1　枸杞原植物

图2-2　枸杞根皮

图2-3　枸杞花

图2-4　枸杞干果

图2-5　枸杞种子

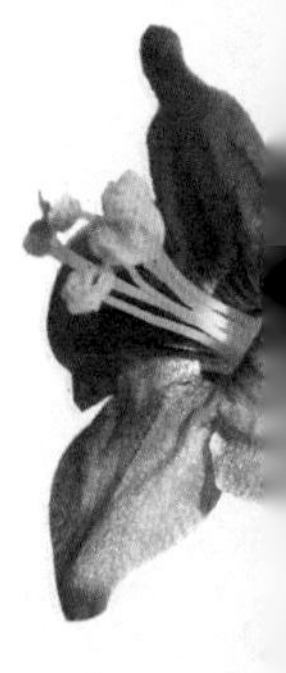

宁夏枸杞（原变种）*Lycium barbarum* L. var. *barbarum* 为灌木，或栽培因人工整枝而成大灌木，高0.8～1.7m，栽培者茎粗直径5～12cm；分枝细密，野生时多开展而略斜升或弓曲，栽培时小枝弓曲而树冠多呈圆形，有纵棱纹，灰白色或灰黄色，无毛而微有光泽，有不生叶的短棘刺和生叶、花的长棘刺。叶互生或簇生，披针形或长椭圆状披针形，顶端短渐尖或急尖，基部楔形，长2～3cm，宽4～6mm，栽培时长达12cm，宽1.5～2cm，略带肉质，叶脉不明显。花在长枝上1～2朵生于叶腋，在短枝上2～6朵同叶簇生；花梗长1～2cm，向顶端渐增粗。花萼钟状，长4～5mm，通常2中裂，裂片有小尖头或顶端又2～3齿裂；花冠漏斗状，紫堇色，筒部长8～10mm，自下部向上渐扩大，明显长于檐部裂片，裂片长5～6mm，卵形，顶端圆钝，基部有耳，边缘无缘毛，花开放时平展；雄蕊的花丝基部稍上处及花冠筒内壁生一圈密绒毛；花柱像雄蕊一样由于花冠裂片平展而稍伸出花冠。浆果红色或在栽培类型中也有橙色，果皮肉质，多汁液，形状及大小由于经长期人工培育或植株年龄、生境的不同而多变，广椭圆状、矩圆状、卵状或近球状，顶端有短尖头或平截，有时稍凹陷，长8～20mm，直径5～10mm。种子常20余粒，略成肾形，扁压，棕黄色，长约2mm。花果期较长，一般从5月到10月边开花边结果，采摘果实时成熟一批采摘一批。

枸杞基原植物及其近缘植物分类检索表

1 果实成熟后紫黑色；枝条上每节有1短的裸露棘刺；叶条形或几乎圆柱形，稀倒狭披针形，肉质；花冠筒部长为檐部裂片长的2～3倍 ……… **1. 黑果枸杞 *Lycium ruthenicum* Murr.**

1 果实成熟后红色或橙黄色；枝条上的棘刺常生叶和花，或兼生有裸露的短刺，稀无刺；叶条状披针形、披针形、倒披针形、卵形或椭圆形；花冠筒长为檐部裂片长的2倍，或者稍长或稍短于裂片。

2 花冠筒长约为檐部裂片长的2倍；花丝基部稍上处仅生极稀疏的绒毛。

3 枝条柔弱；叶一般中部较宽，狭披针形或披针形；花萼有时因裂片断裂成截头 ……………………………………………… **2. 截萼枸杞 *Lycium truncatum* Y. C. Wang**

3 枝条坚硬；叶通常前端较宽，倒披针形或椭圆状倒披针形，有时为宽披针形；花萼裂片不断裂。

4 茎和枝灰白色或灰黄色；花冠裂片边缘有稀疏缘毛 ……………………………………………………………… **3. 新疆枸杞 *Lycium dasystemum* Pojark.**

4 茎和枝暗红色；花冠裂片边缘无缘毛 ……………………………………………… **4. 红枝枸杞 *Lycium dasystemum* Pojark. var. *rubricaulium* A. M. Lu**

2 花冠筒长于檐部裂片但不达到2倍，或者稍长或稍短于裂片；花丝基部稍上处密生一圈绒毛。

5 花较小，花冠长5～7mm；雄蕊显著长于花冠；种子小，长仅1mm；叶长8～15mm；花冠筒内壁在花丝毛丛的同一水平上无毛；果实小，球状，直径约4mm ………………………………………… **5. 云南枸杞 *Lycium yunnanense* Kuang et A. M. Lu**

5 花较大，花冠长9～15mm；雄蕊短于花冠或稍长于花冠；种子较大，长2～3mm。

6 花萼通常2中裂；花冠裂片边缘无缘毛，筒部明显较裂片长但成漏斗伏。

7 果实卵状、矩圆状或稀近球状，红色（栽培品种中亦有橙色），长至少在6mm以上；叶通常为披针形或椭圆状披针形；种子较多 … **6. 宁夏枸杞 *Lycium barbarum* L.**

7 果实球状，橙色，直径约4mm；叶条状披针形；种子仅2～3枚 ……………………………… **7. 黄果枸杞 *Lycium barbarum* L. var. auranticarpum K. F. Ching**

6 花萼通常3中裂或4～5齿裂；花冠裂片边缘有缘毛，筒部稍短于裂片、或长于裂片但成圆柱状。

8 花冠筒圆柱状，明显长于檐部裂片；叶披针形 ……………………………………………………… **8. 柱筒枸杞 *Lycium cylindricum* Kuang et A. M. Lu**

8 花冠筒漏斗状，明显短于檐部裂片；叶卵形、卵状菱形、长椭圆形、卵状披针形或披针形。

9 叶卵形、卵状菱形、长椭圆形或卵状披针形；花冠裂片边缘缘毛浓密；雄蕊稍短于花冠 …………………………………………… **9. 枸杞 *Lycium chinense* Mill.**

9 披针形或条状披针形；花冠裂片边缘缘毛稀疏；雄蕊稍长于花冠 ……………… **10. 北方枸杞 *Lycium chinense* Mill. var. *potaninii* (Pojark.) A. M. Lu**

二、地理分布与生长环境

全世界该属物种约有80种，在全球呈现离散分布，欧亚大陆约有10种，主要分布在中亚；非洲南部分布约20种；北美洲南部约20种；南美洲南部分布最多，达30余种，热带地区未发现分布。我国枸杞属主要有7个种和3个变种，在我国分布广泛，其中宁夏枸杞分布最为广泛，在我国西、北方地区，如新疆、青海、甘肃、内蒙古、宁夏、陕西、山西、河北等广泛分布，中国枸杞主要分布在华中、西南和东南地区；其他几个种或变种种群较少，分布较为稀疏零散。

宁夏枸杞（*Lycium barbarum* L.）原产我国北方，河北、内蒙古、山西、陕西、甘肃、宁夏、新疆、青海等省（自治区）都有野生分布，而中心分布区域是在甘肃河西走廊、青海柴达木盆地以及青海至山西的黄土高原，常生于土层深厚的沟岸、山坡、田埂和宅旁。枸杞因药用栽培，在我国中部和南部不少省、市、自治区都有引种，目前全国有17个省市260余县都有栽培生产。约在17世纪中期枸杞引种到法国，后来在欧洲、地中海沿岸国家、韩国以及北美洲国家也有栽培。

枸杞生产除了宁夏外，同时还有河北、内蒙古、山西、山东、河南、安徽、新疆、青海、陕西、四川、湖北、江苏、浙江等省（自治区），在20世纪60年代先后引种宁夏枸杞，尤其是河北、内蒙古、新疆、湖北、青海等省（自治区）枸杞生产发展较快。

枸杞野生种的分布比较分散，主要有云南枸杞，分布在中国西南地区海拔

1360～1450m的丛林中；截萼枸杞，分布在山西、内蒙古海拔800～1500m的山坡或路边；新疆枸杞，分布于新疆、青海海拔1200～2700m的山坡或沙滩。此外，北方枸杞也有野生分布，主要分布于宁夏、内蒙古、甘肃、青海、新疆、山西、陕西等省（自治区）的半干旱盐碱荒地和山坡。

（一）全国枸杞产业发展分布

我国是世界枸杞生产第一大国，种植面积和产量均稳居世界第一。2014年全国枸杞种植面积达到230万亩，主要分布在宁夏、青海、甘肃、新疆、内蒙古、河北、山西、陕西、河南等地区，其中以宁夏、青海、甘肃、新疆、内蒙古的种植面积最大，形成了中宁枸杞核心区，宁夏枸杞辐射区，青海、甘肃、内蒙古等地枸杞带动区的产业布局。2014年宁夏枸杞面积发展到85万亩，青海约44万亩、甘肃约35万亩、新疆约32万亩、内蒙古约20万亩、河北约8万亩，其他地区约有6万亩。全国枸杞干果产量约27万吨，年出口10 000多吨，出口额为12 000万美元，枸杞产值超过100亿元（图2–6）。

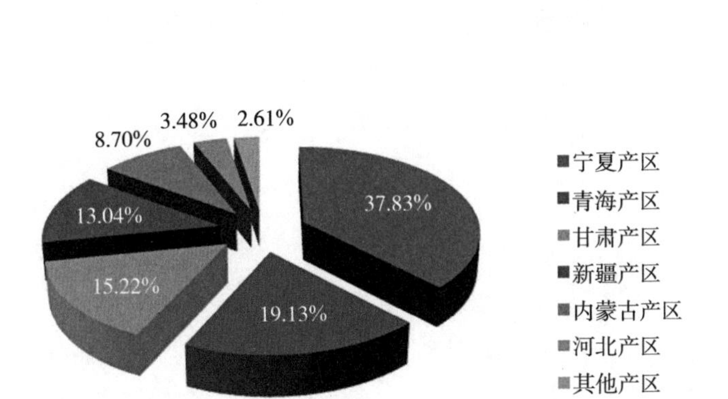

图2–6　2014年全国枸杞种植情况

（二）宁夏枸杞产业发展分布

宁夏作为我国枸杞最早的种植地区，生产规模、果品质量和市场占有率等均居全国前列。2014年全区枸杞种植面积达到85万亩，占全国枸杞种植面积的37.83%，形成了以中宁为核心、清水河流域和银川以北为重点的区域布局。枸杞干果总产量达到8.8万吨，年综合产值超过74亿元。以枸杞干果、果汁、果酒、籽油、芽茶等产品为主的各类销售、加工企业达到200家，其中规模加工流通企业超过60家，枸杞加工转化率15%，枸杞及产品出口量与出口额分别达到6500吨与7000万美元，出口到40多个国家和地区。

中宁县枸杞收入占农民纯收入40%以上，一些产区规模乡镇及专业村农民收入占到了60%以上。

第3章

枸杞种植技术

第一节　枸杞的主要生物学特性

一、种类与分布

枸杞属于茄科类植物，这种植物在全世界约有80种，多数种类分布在南、北美洲，以美国的亚利桑那州和阿根廷形成两个分布中心。我国有7个种3个变种。根据各地气候特点、栽培目的和经济效益情况，主要分布于西北和华北，西北宁夏分布最为集中，其中宁夏枸杞是7个种之一，通用的拉丁学名是*Lycium barbarum* L.。

7个种分别是黑果枸杞、新疆枸杞、宁夏枸杞（包括：宁杞1号、2号、3号、4号、5号、6号、7号、大麻叶、小麻叶、白条等100余个品种）、柱筒枸杞、枸杞、云南枸杞、截萼枸杞。

3个变种分别是红枝枸杞（为新疆枸杞变种）、北方枸杞（为枸杞变种）、黄果枸杞（为宁夏枸杞变种）。

二、生物学特征

（一）生命周期

枸杞树一生中经历开花、结果、衰老死亡的过程，叫生命周期，也叫年龄时期。分为：幼苗期（营养生长期）、幼龄期、结果期（初果期、盛果期和盛果后期）、衰老期。

（二）根的作用、组成

1. 作用

（1）固定　把植株固定在土壤里。

（2）吸收　吸收土壤中的水分、矿物养分和少量有机物质（腐殖质）。

（3）贮藏输送　贮藏和输送养分和水分。

（4）合成　把无机养分合成有机物质，如将无机氮转化为氨基酸、蛋白质；把从土壤中吸收来的二氧化碳和碳酸盐同叶片中输送来的光合产物——糖结合成有机酸等，并将其转化产物输送到地上部分参与光合作用过程。

2. 组成

（1）主根　由种子胚芽发育而成，有向地性，向下延伸较深，抗旱能力强，阶段发育低。只有种子繁殖的实生植株才有主根。

（2）侧根　来源于母体茎上或根上的不定芽生成的较粗的根，按照在土壤中分布的状况，又可以分为垂直根和水平根。垂直根是与地面呈垂直向下生长的根系，它主要是起输导和支撑树体的作用。水平根是与地面呈平行生长的，是一种重要的吸收根系，也起固定植株的作用。

（3）须根　来源于母体茎上或根上的不定芽生成的很细弱的根，是吸收养分和水分的最主要根系。

①根冠区：位于根尖的先端，像一个帽状的细胞群，罩在分生组织区的前端。

②分生组织区：在根冠之后，由薄壁细胞组成，薄壁细胞分生能力很强，当它

沿着根轴方向延伸时，就形成了根的伸长生长。

③细胞伸长区：位于分生组织区的后方，是根尖分生组织区细胞大量伸长生长的根区。

④根毛区：位于细胞伸长区的后方，在这里密生许多白色的纤毛状突起物，这就是根毛。根毛是单细胞，细胞壁很薄，是吸收土壤中水分和养分的主要器官。

3. 影响根系生长的因素

（1）枸杞根系的分布深度和广度取决于土壤性质（团黏结构、酸碱性）、肥力、地下水位、栽后管理等条件。

（2）枸杞根系的生长速度主要受土壤温度、湿度、通气状况、肥力及树体本身营养条件的影响。

①土壤温度：根的生长都有最适及上、下限温度，温度过高、过低对根系生长都不利，甚至会造成伤害。

②土壤湿度：土壤含水量达最大持水量的60%～80%时，最适宜根系生长。过干易使根系木栓化和发生自疏现象；过湿则易缺氧而抑制根的呼吸作用，造成停长或腐烂死亡。

③土壤通气：土壤通气对根系生长影响很大，一般在通气良好处的根系密度大、分枝多、须根量大；通气不良处发根少，根系生长慢或停止生长，易引起树木生长不良和早衰。土壤紧实，影响根系的穿透和发展，内外气体不易交换而引起有害气体（CO_2等）的累积，从而影响根系的生长。

④土壤营养：在一般土壤条件下，其养分状况不至于使根系处于完全不能生长的程度，但可影响根系的质量，如发达程度、细根密度、生长时间的长短等。根有趋肥性，有机肥有利于树木发生吸收根，适当施无机肥对根的生长有好处。

⑤树体养分：根的生长与执行其功能依赖于地上部分所供给的碳水化合物，土壤条件好时，根的总量取决于树体有机养分含量。叶片受害或结实过多，根的生长就受阻碍，此时即使施肥，一时作用也不大。

（三）枝的作用、组成

1. 作用：叶、花、果着生的器官，输送、贮藏、合成养分

枝是组成树冠的重要部分，是长叶和开花结果的器官，是输送水分和养分的通道，是贮藏、合成养分的器官之一。

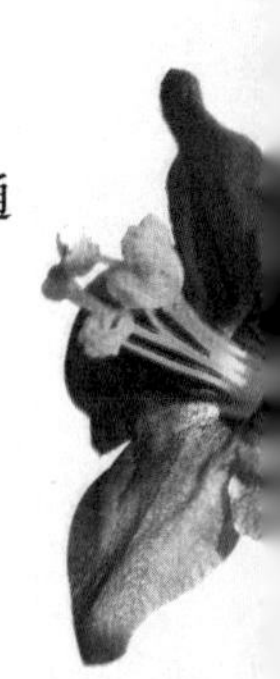

2. 组成

（1）按生长结果习性分

①结果枝：由腋芽、果眼芽萌发，是开花结果的主要枝条，一般无针刺，分布树冠表层。包括老眼枝、春七寸枝、夏七寸枝、秋七寸枝、二混枝、摩条、串条、横条。

老眼枝：是当年以前生长的结果枝，是结果的母枝，它春季萌芽后抽生新的七寸枝开花结果。

春七寸枝：是当年春季从老眼枝条上生长的新枝，也叫春枝。一般粗0.3～0.4cm，长20～60cm，呈弧垂生长，是最主要的结果枝条。

二混枝：春季从较粗壮的侧枝上长出的新枝，枝条比七寸枝粗，但比徒长枝细弱，弧垂或斜伸生长，一般粗0.4～0.5cm，长60～80cm，它也是重要的结果枝。

夏七寸枝：当年夏季6～7月生长的新枝，枝条生长较弱，呈弧垂或斜伸生长，当年能开花结果。

秋七寸枝：当年立秋后生长的新枝，枝形短小，细弱，呈斜伸，起立或弧垂生长。这种枝能开花，但因秋霜来临，果实难以成熟。

摩条：因生长不通顺而同旁边枝条发生摩擦的枝条，它也能开花结果。

串条：是一种树冠膛内枝，它在树冠内部串行后又到达树冠表面，这种枝条虽然开花结果，但产量很低，所以修剪时应把它剪除。

横条：与树冠表面其他枝条方向横行的枝条，因它影响其他枝条生长，虽然能开花结果，但也应把它剪除。

②针刺枝：由定芽、不定芽萌发，叶芽点生长针刺，一般不结果。

③中间枝：又称二混枝，介于结果枝和针刺枝，枝条上有一部分针刺，也有一部分开花结果。

④徒长枝：由不定芽萌发，多长于主干、主枝背上，长势粗壮，直立不结果。

⑤强壮枝：长势旺盛，枝条粗壮，节间距长，一般斜生或平展，能开花结果。

（2）按生长季节分

①春梢：春季4～5月萌芽生长的结果枝，又称七寸枝。

②夏梢：夏季6～7月生长的结果枝或徒长枝上的结果枝。

③秋梢：8月中旬至9月萌发的枝条，生长早的秋梢可开花结果，迟的当年不结果。

（3）按年龄分

①一年生结果枝：指当年生的春、夏、秋结果枝，当年可结果，成枝力很弱。

②二年生结果枝：指上年生长的枝条，其发枝能力有两种，如果是上年的秋枝则成枝力弱，春枝成枝力强。

③多年生结果枝：指三年以上的结果枝，长势降低，成枝力减弱。

（4）按树体结构分

①主干：一般栽培植株多为独干，也有两个主干。

②主心干：第一层树冠以上到冠顶的主干。

③主枝 ：由主干上生长而成的粗壮枝干，构成树冠的主体骨架，一般全树5～7个主枝。

④侧枝：生长在主枝上的从属于主枝的结果枝和其他类型的枝条，可分数级（图3-1）。

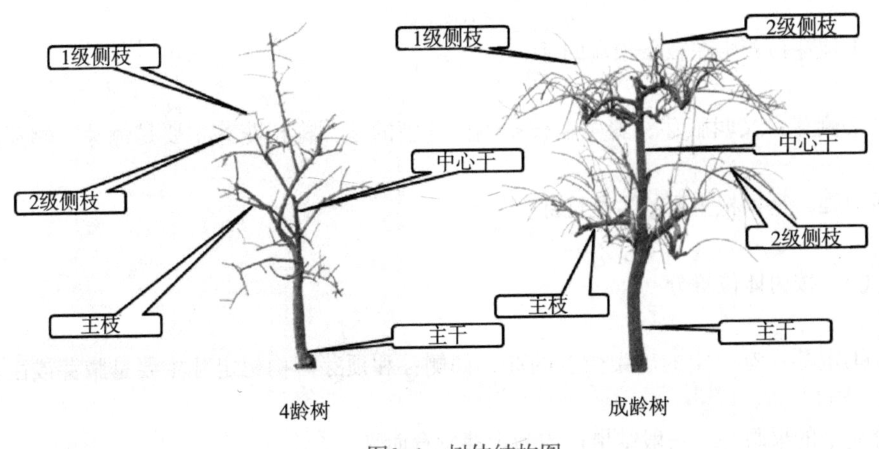

图3-1　树体结构图

（5）按生长姿势分

①弧垂枝：呈一定弧度下垂的结果枝。

②斜伸枝：枝条多呈斜伸状，一般不呈弧垂、直垂生长的枝条。

③直垂枝：枝条和主干夹角很小，几乎呈直立上伸的枝条。

④平展枝：枝条多呈平直伸展的枝条。

（四）芽的作用、组成

1. 作用

芽是枝、叶、花等器官的原始体，能合成养分，并具有蒸腾水分的作用。

2. 组成

（1）按性质分

①叶芽：萌芽后仅生枝叶不开花的芽。

②混合芽：萌芽后既长枝叶也开花结果的芽，枸杞的花芽是混合芽。

（2）按在枝上的着生位置分

①顶芽：着生在枝条顶端的芽。

②侧芽：又叫腋芽，着生在枝条侧面叶腋的芽，枸杞花芽主要是侧芽，侧芽的生活力强，是枸杞主要的生产性芽。

（3）按树体位置分

①定芽：有一定的着生位置的芽，如侧芽和顶芽。枸杞定芽主要是腋芽或由其发育而来的果眼芽。一般结果枝均为定芽发育而来。

②不定芽：没有一定的着生位置或萌发期的芽，如在根部节间或伤口周围产生的芽都是不定芽。不定芽能抽生强壮枝。枸杞分布于浅土层的根也具有不定芽，常抽枝长出地面成为根蘖苗。

（4）按萌发特点分

①活动芽：一般当年形成，当年萌发或第二年萌发的芽是活动芽，如二年生枝条的中上部的芽。

②休眠芽：芽形成后第二年不萌发的芽，又叫隐芽或潜伏芽，如二年生枝条基部的芽多属休眠芽。

（5）按每节芽的数量分

①单芽：枸杞枝条的同一个节位上只着生一个芽，称为单芽。

②复芽：枸杞枝条的同一个节位上有2～3个芽（眼）并生在一起的称复芽。

（6）按明显程度分

①显芽：相对于隐芽，外观形态和生长都比较明显的芽。

②隐芽：是指芽在形成的第二年春天或连续几年不萌发者成为隐芽（或叫潜伏芽）。隐芽发育迟缓，但仍有小量生长，以后条件适当时仍有萌发的能力。

（五）叶的作用、组成

1. 作用：合成有机养分、蒸腾水分

叶是树冠的组成部分，是进行光合作用和制造有机养分的主要营养器官，同时叶片还具有呼吸和吸收、蒸腾水分的作用。

2. 叶的组成

（1）叶柄　是叶片与茎的联系部分，其上端与叶片相连，下端着生在茎上。通常叶柄位于叶片的基部。

（2）叶片　叶的最主要组成部分。枸杞叶片为披针形或椭圆状披针形，全缘，顶端短渐尖，基部楔形，主脉明显，长4～12cm，宽0.8～2cm。枸杞当年生新枝早期为单叶互生，后期为三叶并生，老眼枝有5～8片叶簇生现象。由表皮、叶脉和叶肉组成。表皮由一层或多层细胞紧密排列组成，包被着叶片的外围。还覆盖有一层角质膜或蜡层，以防止水分过多失散和来自外界的伤害。表皮细胞间镶嵌着许多气孔，它是植物与外界沟通的“门户”。上下表皮之间的绿色组织是叶肉，叶肉是由排列不太紧密、富含水分的栅栏薄壁组织细胞组成，栅栏薄壁细胞内叶绿体十分丰富，它是叶片最发达、最重要的部分，是植物进行光合作用的场所。叶肉组织中分布着纵横交错的叶脉，是叶片的运输管道。枸杞叶片上下表皮内侧的栅栏组织都很发达，细胞间隙小，对叶片水分的蒸腾有一定的节制作用，增强了抗旱能力。

3. 叶的划分

（1）老眼枝叶片　4月中旬展叶，每芽眼着生叶5～8片，一般叶面积发育需要35～45天时间，是枸杞树发育的第一批叶片，这部分叶片自展叶到落叶大约200天时间，是全树生长发育、枝条生长、花芽分化、果实成熟的基础。

（2）春七寸枝叶片　是随着春七枝的延长生长而出现，早期单叶互生，后期有三叶并生。这部分叶片数量的增加自4月下旬到6月中旬。叶面积的发育时间自4月下旬到8月中旬。每片叶面积发育需要35～40天时间，叶片发育的好坏，对春七寸枝花果数量、果实的大小起着至关重要的作用。这部分叶片自展叶到落叶120～170天时间。

（3）二混枝叶片　这部分叶片没有固定的发育时间，时间发育的迟早决定于二混枝的留枝时间，它的作用是担负着二混枝果实的发育。

（4）秋七寸枝叶片　是随着秋七寸枝的延长生长而出现，这部分叶片数量的增加自8月中旬到9月中旬，叶面积的发育自8月中旬到10月中旬。叶片发育时间短，叶面积比老眼枝、春七寸枝叶片要小，一般为老眼枝叶片的2/5大小，光合面积小，是秋七寸果枝、果实发育的主要有机物来源。

（六）花

枸杞花的结构：枸杞花是完全花，有萼片、花瓣、雄蕊、雌蕊4部分组成（图3–2）。

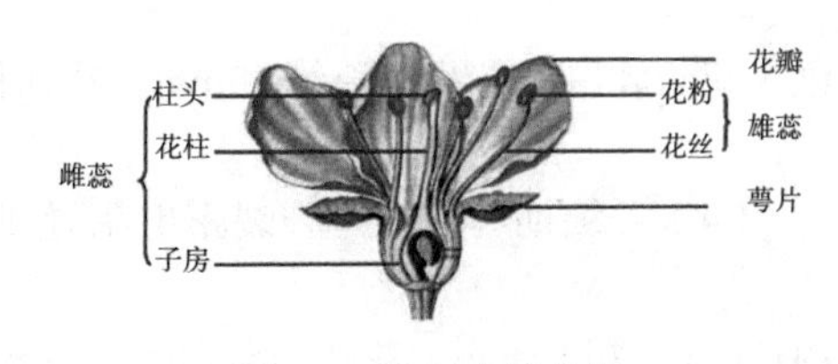

图3–2　枸杞花结构图

1. 形态分化过程

①花芽分化初期；②花萼期；③花冠期；④雄蕊出现期；⑤雌蕊出现期；⑥花蕾期。

2. 花的开放过程

枸杞是无限花序，一年的开花次数多，花期长，一株树花期可持续4～5个月，成花期间每天都有开花。一个花蕾自出现到开放需20～25天。气温低、湿度大或下雨天气，会延迟开花期。旬平均温度达到14℃以上时开始开花，16℃以上时进入盛花期，日夜开花。

花的开放过程，按其外部形态可以分为以下几个时期：

（1）花蕾期　从叶腋或果眼芽的簇生叶间出现幼小的花蕾开始，到花蕾萼片裂开，初露紫色花苞为止，仅12天时间，这期间花蕾长2.5～3.0mm，花药乳青色，为花粉母细胞形成期。当花蕾长3～4mm，花药乳黄色，为花粉母细胞减数分裂期。当花苞初露到花瓣开裂时，为花粉粒成熟期。

（2）现蕾期　自叶腋出现绿色的幼小花蕾开始，到花蕾长2～3mm，粗1～1.5mm，花药青色，为花粉母细胞形成时期，生长期6天。

（3）幼蕾期　花蕾长3～4mm，粗2～3mm，花萼绿色，包住花瓣，花瓣淡黄绿色，花药乳白色，花丝长约0.3mm，花柱长约2mm，柱头绿色，生长期约12天。

（4）开绽期　自花萼开裂露出花冠到花冠松动前止，生长3天左右。此时花蕾长约12mm，粗2.5mm，花药为乳白色，柱头绿色，花瓣紫红色。

（5）开花期　自花瓣松动开始，到向外平展为止，花冠裂片紫红色，2～5小时。雄蕊伸出冠筒，高于或与雌蕊等高，花药裂开，花粉淡黄色，大量散落，柱头头状，绿色，子房基部蜜腺丰富。

（6）谢花期　花瓣淡白色开始，转变为深褐色；雄蕊干萎，后为淡褐色，柱头由绿色变为黑色，子房显著膨大，胚珠多数白色，整个花冠干死脱落，为期2～3天。

（七）果

枸杞果实为浆果，形态有圆形、矩圆形、椭圆形、卵形、长圆形等，顶端短尖或平，也有稍凹的。果熟时红色或黄色或黑色，长0.8～2.8cm，横径0.5～1.2cm，内含种子20～50粒。果实发育，花粉传到柱头上，卵细胞受精后，自子房开始膨大至果熟期。

1. 果实形态发育期

枸杞从开花到成熟约35天，果实形成期自开花到花冠谢落，即开花、传粉、受精、坐果，约4天。此时花柱干枯，柱头黑色，子房绿白色明显膨大，中轴胎座，胚珠多数，胚囊内合子分列，初生胚乳形成。子房发育为果实，种子成熟，这个时期青果形成到青果变色约27天，种子充实，青果伸长，逐渐膨大到开始出现绿黄色，而后果体迅速膨大，果鲜红，果蒂疏松，进入采收期，自花蕾期到果熟期一般45天左右。结果期又分为三个时期。

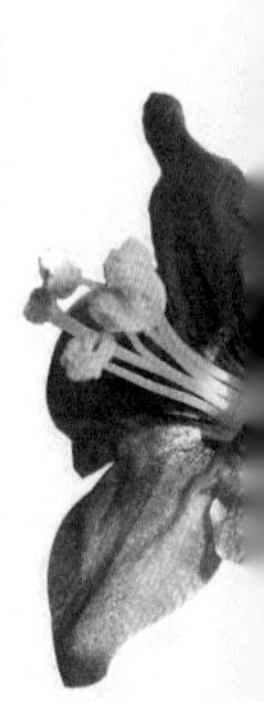

（1）青果期　花受精后，子房膨大成绿色幼果，花柱干萎，花冠和花丝脱落。此时幼果已长出花萼，绿色青果大小随不同品种、栽培条件、树龄、着果部位及生长时期而异。这一时期的长短随着气温而变，夏季气温高一般需22～29天，秋季气温低青果期长。

（2）变色期　青果继续生长发育，果长到0.9～1.3cm，横径0.5～0.6cm，果色由绿色变为淡绿色，再到淡黄色，最后到黄红色。果肉致密，胚乳饱满，幼胚已形成，种子白色，鲜果可溶性固形物含量达4.62%。时间3～5天。

（3）成熟期　此时果实生长最快，其体积迅速膨大，色泽鲜红，已达到完全成熟。果肉变软、汁多，含糖分高。鲜果可溶性固形物含量16.3%。果萼易脱离，种子成熟，黄白色，时间1～3天。

2. 生理变化

①雄蕊和花粉粒的发育；②胚珠和胚囊的发育；③传粉和受精；④胚乳和胚的发育；⑤种皮和果皮的发育。

3. 果实生长发育特点

（1）发育初期　纵径生长快，枸杞果实细胞的分生组织属于先端分生组织，所以幼果初期细胞分裂时，果实纵径生长快于横向生长。

（2）变色期　横径生长快，到后期果实接近红熟时，细胞迅速膨大，纵、横径也随着迅速增大。

4. 影响果实生长发育的因素

（1）品种　新品种宁杞5号、宁杞7号的果实比宁杞1号、宁杞4号偏大。

（2）土壤养分丰缺及供水供肥性　土壤氮磷钾含量丰富时果实大，土壤有机质含量丰富、水肥条件好的地方果实大。

（3）树体本身贮藏的营养　树体本身的营养若贮藏丰富，有利于细胞分裂和生长，果实易长大。

（4）果实红熟期的土壤水分和空气湿度　在果实红熟时期土壤水分充足，果实更能膨大。

（5）光照　在光照好的条件下，比遮阴和低温条件下的果实大。

（6）昼夜温差　日夜温差大的地方果实偏大，一般夏果比秋果大。

（7）负载量　负载量小时果实大，一般叶果比值为2.5以上较好。

（8）树龄　幼龄树的果实比老龄树的果实偏大。

（9）树冠方位　树冠顶部和外围受到阳光充足的地方果实偏大。

（10）枝条类型　强壮枝、二混枝的果实偏大。

（11）结果部位　树冠顶部的果实比下层的果实偏大。

（12）病虫害　防治及时，树叶没有受到伤害或浸染的树体所结果实偏大。

（八）各器官生长发育的相关性

植物的某一部分或某一器官的生长发育常影响另一部分器官的形成和生长发育，这种现象在植物生理学上称为“相关性”。枸杞栽培就是要利用相关性，处理好各器官生长发育的相互关系，剔除制约因素，使各器官健康平衡发展，生长发育良好，才能得到好的产量和品质。

1. 地下根系和地上枝叶、果实生长的相关性

根系与地上部分关系非常密切，因为根系生长所需要的有机营养物质，主要由绿枝和叶片光合作用制造，再通过枝干的韧皮部下运到根系；而地上部分所需要的水分、矿物质元素，则要由根系吸收供应，由于树体内时刻进行着这种上下物质的运输和交换，所以树体上下部之间每时每刻都在相互影响，并保持一定范围的动态平衡关系，“根深叶茂”“养根壮树”就是这个道理。这种平衡一旦遭到破坏，就

必须建立起新的平衡。如地上部分受到破坏后则会长出新的枝叶等器官来恢复平衡；如地下部根系遭到破坏后，必然会长出新根，否则会影响地上部分生长，使枝叶生长变弱，导致落花落果等，如果根系长久不能再生，不能及时恢复平衡，树体就会衰弱而死。另外，地上与地下生长都需要消耗养分，但树体本身会进行调节，如枸杞根系和枝条在一年中都有两次生长高峰，但根系生长总是比枝条早，它的生长高峰同枝条的生长高峰是相互错开的，即根系生长旺盛的时候枝条生长处于较缓慢状态。

根系与果实生长发育的最旺盛时期也是相互错开的。根系在第一次生长高峰时，树上无果实，此后花芽不断形成，花果逐渐增多，6～7月出现盛果期，而根系生长速度逐渐减慢，7月上中旬进入生长低谷。当枸杞根系生长进入第二次生长高峰期时，花果量大减，随后秋梢和花果量增多，而根系生长逐渐减缓，以此缓解对养分的需求矛盾。但是当矛盾超出了树体自身调节能力时，矛盾就会表现出来，如在干旱瘠薄的砂地上，枸杞根系生长就大，由于它消耗大量养分而削弱了地上部枝条和花果生长，反之在肥沃地上，枝条生长过旺，因消耗养分多，而使根系不发达。如果修剪过度，枝叶生长过于衰弱，根系的生长也会受到抑制。

枸杞地上冠径与根系分布范围也有关系，这种关系因环境条件不同而异，但水平根系扩展一般大于树冠，而其垂直深度则小于树高。如扦插苗，当年水平根系长2.36m，为冠径的4.21倍，而根系分布深度只有30cm左右，约为树高的1/4。

因此，根据枸杞根系和地上部分生长特点，制定栽培措施，加强肥水管理，为根系生长创造良好条件，就可增强树势，获得连年高产。

2. 枝叶与花果生长发育的相关性

枝叶生长与花芽分化及果实发育之间的关系也很密切，虽然枝叶与花果的生理功能不同，但它们的形成和生长发育都需要光合产物。由于花果所需要的营养物质由叶片供应，花果的生长发育建立在枝叶生长良好的基础上。因此，枝叶的发达与健壮是优质高产、增产的前提。

据调查，同一品种在同一条件下，在一定范围内随着结果枝节数和叶面积的增加，产量也增加。经测定，产量与枝条节数的相关系数r=0.776，产量与叶面积的相关系数r=0.898，说明产量同枝条节数及叶面积呈正相关。但枝叶的生长需消耗大量养分，所以枝叶同花果的生长发育也发生矛盾，尤其在较差的环境条件下，枝叶生长过弱或过旺，而使营养物质积累少，运往生殖器官的养分不足，往往导致落花落果，果实生长发育不良或花芽形成少，果小，给翌年生产也带来不良影响，反之开花结果多，消耗大量营养物质，也会削弱枝叶生长，使树体生长弱，所以到花果盛期的6～7月前会使枝条生长减慢或停止伸长生长，它又能影响花芽形成和秋果产量。为了调节枝叶生长同花果生长间的矛盾，在加强肥水管理的基础上必须注意修剪，控制枝叶生长过旺。

3. 各器官间的相关性

枸杞树的各个器官之间是相互依赖、相互制约的。根吸收水分就依赖于叶片的不断蒸腾，而叶片的蒸腾量又受根的吸水量所制约。在6～7月，花、果、枝叶生长旺盛时，它们争夺养分加剧，此时花、果、枝叶生长发育要受到不同程度的抑制。对于同一条件的同一品种来说，枝条多则叶多，叶多则光合作用产物多，为枝条、根系、花芽分化及果实生长所提供的养分就越多，形成花芽多、果多、枝条生长旺盛，根系发达。根系发达又有利于枝叶生长，表现为良好的促进作用。

枸杞的各器官或各器官的各部分，在其生活的一定时期内会比其他部分占优势，占优势的器官会使其他器官的生长发育受到阻碍或削弱，甚至会停止生长或死亡。如果控制优势器官（部分），就可以促进劣势器官（部分）的生长。如控制树冠顶部徒长枝生长，就有利于其他枝条和花果的生长。根的顶端生长对侧根的形成有抑制作用，当切断根的顶端时，则会促发侧根。生产上深翻茨园，切断大侧根，可促发更多小侧根，扩大对养分的吸收面，有利于增强树势。植株生长有顶端优势，表现顶芽生长旺盛，侧芽生长弱，如果摘心，可促进侧芽生长。

各器官的相互联系，相互制约是基本关系，在此基础上，还表现为不同时期，不同器官生理活动的相对独立性和阶段性。例如：叶片生长初期，由于其生理功能不健全，生长要靠树体贮藏的养分，而后来才靠自身的光合作用产物。枝条生长初期主要靠自身的贮藏养分，而到后期则靠当年的同化养分。当营养条件变差时，各器官生长发育都同时受到制约，这时相互发生营养竞争，于是植株进行自身调节，如果调节不当，则影响产量。那么在栽培上就应采用有效措施，来解决器官间的营养供求矛盾，如修剪、摘心、改善肥水条件等，促使器官间进行相互调节，达到正常生长发育。

（九）枸杞生长发育的平衡关系

1. 地上部分与地下部分生长的平衡

植物的地上部分和地下部分有维管束的联络，存在着营养物质与信息物质的大量交换，因而具有相关性。根部的活动和生长有赖于地上部分所提供的光合产物、生长素、维生素等；而地上部分的生长和活动则需要根系提供水分、矿物质元素、氮素以及根中合成的植物激素、氨基酸等。通常所说的“根深叶茂”“本固枝荣”就是指地上部分与地下部分的协调关系。一般来说，根系生长良好，其地上部分的枝叶也较茂盛；同样，地上部分生长良好，也会促进根系的生长。

2. 营养生长与生殖生长的平衡

营养生长与生殖生长的关系主要表现为既相互依赖，又相互对立。

（1）依赖关系　生殖生长需要以营养生长为基础。花芽必须在一定的营养生长的基础上才分化。生殖器官生长所需的养料，大部分是由营养器官供应的，营养器官生长不好，生殖器官自然也不会好。

（2）对立关系　若营养生长与生殖生长之间不协调，则造成对立。对立关系有两种类型。

第一种类型：营养器官生长过旺，会影响到生殖器官的形成和发育。例如：果树若枝叶徒长，往往不能正常开花结实，或者会导致花、果严重脱落。

第二种类型：生殖生长抑制营养生长。一次开花植物开花后，营养生长基本结束；多次开花植物虽然营养生长和生殖生长并存，但在生殖生长期间，营养生长明显减弱。由于开花结果过多而影响营养生长的现象在生产上经常遇到，如果树的“大小年”现象，在肥水不足的条件下此现象更为突出。生殖器官生长抑制营养器官生长的主要原因，可能是由于花、果是生长中心，对营养物质竞争力过大的缘故。

在协调营养生长和生殖生长的关系方面，生产上积累了很多经验。例如：加强肥水管理，防止营养器官的早衰；控制水分和氮肥的使用，不使营养器官生长过；在果树生产中，适当疏枝、疏花、疏果以使营养收支平衡，并有积余，以便年年丰产，消除“大小年”。

3. 氮、磷、钾及中微量元素施肥的平衡

过去人们都比较重视大量元素肥料的施入而忽视了中微量元素对作物生长的重要性，造成了很多土壤中缺乏中微量元素，不仅影响作物健康生长，还不利于作物品质的提高，甚至会造成土地肥力的下降。作物的生长不仅与大量元素有关，更离不开微量元素的加入，只有大量元素和中微量元素水溶性肥料的平衡施入，才能有效补充作物生长的各种营养元素和提高土壤肥力，为作物生长创造更多的有利条件。

众所周知，大量元素肥料是兼合多元素复混型肥料，富含一定量的氮、磷、钾外，还含有钙、镁、锌、硼、铁、锰、铜、钼等微量元素，这些微量元素对农作物有复合养分效果，适合多种作物施肥。主要的作用有：①施很多微量元素的大量元素肥料，含钙镁元素能改进土壤酸度，推进有机肥分解。②大量元素肥料可使作物的茎叶挺直，削减遮阴，叶片光合效果增强。③作物吸收大量元素肥料中的微量元素后，茎叶表层细胞壁加厚，角质层添加，然后进一步防虫抗病等。

④大量元素水溶肥中的微量元素不仅具有以上作用，还使作物的茎秆直，使抗倒伏能力增加80%左右，能够有效地调节叶片气孔的开闭，控制水分蒸腾效果。

作物对微量元素的需要量很少，而且从适量到过量的范围很窄，因此要防止微肥用量过大。土壤施用时还必须施得均匀，浓度要保证适宜，否则会引起植物中毒，污染土壤与环境，甚至进入食物链，有碍人畜健康。微量元素和氮、磷、钾等营养元素都是同等重要、不可代替的，只有在满足了植物对大量元素需要的前提下，施用微量元素肥料才能充分发挥肥效，才能表现出明显的增产效果。

4. 种植密度与结果枝条多少的平衡

合理的栽植密度能有效地增加单位面积上的栽植株数，有效地利用土地前期营养面积，有利于早期丰产和以后持续高产，提高枸杞园经济效益。近十年来由于在生产上大面积栽植无性扦插苗，结果早，栽培密度更加变密。小面积人工栽培型，普遍栽植密度为（1.0～1.5）m×2.0m，每亩栽植株数220～330株。大面积机械栽培型栽植密度为（1.0～1.5）m×（2.5～3.0）m，每亩栽植株数148～266株。

休眠期修剪后所留老眼枝的多少和质量决定春七寸果枝和秋七寸果枝的数量，也就决定了春七寸果枝和秋七寸果枝的产量多少。要保证成龄枸杞生产出优质高产的枸杞子，关键是保证休眠期修剪后所留老眼果枝的数量和质量，只有老眼果枝数量适中、质量好，各类枝条生产的果实构成全年产量的比例适中，就能生产出既高产又优质的枸杞子。大量的试验表明：休眠期老眼果枝修剪的质量高低的衡量标准是：单株平均每个老眼枝萌发形成1.4～1.6条春七寸果枝，表明修剪质量高，反之表明修剪质量低。其中每个老眼果枝萌发的春七寸果枝大于1.6条，表明休眠期修剪对老眼枝短截偏重，老眼枝产量低，高产易于实现，但优质无法保证。每个老眼果枝萌发的春七寸枝小于1.4条，表明休眠期修剪对老眼果枝短截程度差，老眼果枝留枝太多，优质有保证，但实现高产困难。休眠期修剪后老眼果枝留枝数量以每株120～150条比较适中，全年单株各类结果枝条数以400～500条为宜。

三、生态学特征

环境条件直接影响枸杞树的生长发育及其体内生理活动。明确枸杞树生长同自然条件的关系，制定正确的田间管理技术措施，这对于枸杞获得高产、稳产和提质增效具有重要的现实意义。

枸杞树要求的自然条件中，最基本的因素是土壤、温度、光照和水分，这4个因子是枸杞生存所不可缺少的，称为生存因子，而风、坡度、坡向和地势等间接影响枸杞树生长发育，称为生长因子。

（一）生存因子

1. 土壤

宁夏枸杞对土壤的适应性很强。无论是荒漠土、砂土、砂壤土、轻壤土、中壤土或黏土都能生存，但为了更有利于树体生长并获得高产优质的果实，应选用土层深厚、肥沃的砂壤土、轻壤土、中壤土建园为好，荒漠土、砂土、黏土改良后再行种植。砂壤土、轻壤土、中壤土之所以适宜于枸杞生长，是因为土质疏松、透水快、通气好。在生产实践中，土质过砂、保水保肥能力差，水分、养分易流失，干旱，枸杞生长不良，往往容易造成阶段性缺肥或早衰。土质过黏，虽然养分含量高，但因板结，土壤通气性差，枸杞根系呼吸受阻，土壤中有益微生物活动困难，不利于养分分解利用，根系生长不利，枝梢生长缓慢，花果少，果粒小。可通过掺砂压黏向地里增施麦秆、麦衣等植物秸秆和各种精粪的方法，增加土壤疏松性，丰富土壤养分，枸杞也能生长良好。

宁夏地区栽种枸杞的土壤，大部分可溶性盐含量少于0.2%，凡丰产茨园的土壤含盐量多在0.5%以下，丰产园土壤的盐分以钙的重碳酸盐为主。碳酸氢根离子（HCO_3^-）占阴离子总量的50.4%～74.6%，钙离子（Ca^{2+}）占阳离子总量的40.2%～66.4%，土壤pH值为7.8时枸杞生长良好，个别枸杞园土壤pH值10以上，在加强田间管理的情况下，枸杞仍然正常生长，可见枸杞是很耐碱的。根据调查，枸杞在表土层含盐量1.0%以上的盐土上仍能生长，说明它的耐盐性也很强，但生长不良，结果少。

优质丰产园的土壤养分应在1～40cm深的土层内，一般全氮含量0.05%～0.09%，碱解氮含量在35mg/kg土体重；全磷含量在0.1%～0.18%，有效磷含量在15～30mg/kg；全钾含量2%～3%，速钾含量在120mg/kg；有机质含量在1.0%～1.5%，pH值8.5以下。

2. **温度**

宁夏枸杞较耐寒，其分布于新疆、青海、甘肃、宁夏、内蒙古、陕西、山西、河北、河南等地区，在北纬35°～45° 范围内，1月平均气温-3.9～-15.4℃，绝对最低气温-25.5～-41.5℃，年平均气温4.4～12℃，7月平均气温17.2～26.6℃，绝对最高气温在33.9～42.9℃。据宁夏枸杞各产区调查，1月平均气温-4.8～-7.1℃，年平均气温8.0～9.2℃的范围内是宁夏枸杞适宜栽植区。但有些新发展区1月平均气温-3.3～-15.4℃，年平均气温4.4～12.7℃也能生长良好，并获得较高产量。

枸杞一年中对温度的要求，因品种和生长发育阶段不同而异，在休眠期要求低温，生长期需高温。冬季休眠时期耐寒能力很强，在-41.5℃的绝对低温条件下能安全越冬。3月下旬根系层土壤温度达到0℃时，新根开始活动，4℃时根系开始加快生长，4月上旬地温达到8～14℃时新根生长最快，20～25℃时根系生长稳定。随着气温升高，逐渐停止生长，10月底地温降到10℃以下时根系基本停止生长，旬气温降至10.8℃以下进入冬季落叶期，随后进入休眠期。4月上旬气温6℃以上时冬芽萌动，4月中旬气温达到10℃时开始展叶，12℃时春梢生长，15℃以上生长迅速。4月下旬气温15℃以上时花芽开始分化，5月上旬气温16℃以上时开始开花，20～22℃开花最适宜。果实生长发育的温度在16℃以上，20～25℃为最适宜。秋季旬气候下降到11℃时，果实生长发育迟缓，体形小，品质降低，但还能成熟。

枸杞有两度生长结实现象，幼龄枸杞或一些新发展区不很明显，实际上其生长规律并未改变，由于修剪、病虫害防治、施用速效肥等管理措施，促进夏季生育进程，夏季生长的时间长，从4月下旬至6月下旬50～60天，此期为最适枸杞春梢生长，新枝生长量大，花果时间长；由于秋季生长期短，天气较冷，早霜来临，致使后期果实不能正常发育成熟。总之，了解根系生长与温度的关系，营养生长与温度的关系，生殖生长与温度的关系，就要根据根系生长发育规律，萌芽发叶、新梢生长、开花结果规律，在其生长开始前就要疏松土壤，增施肥料，改善营养状况，创造良好的立地条件和良好的生长环境，为高产打好基础。另外，枸杞白天开花数占93%，夜间占7%，白天多以上午居多，占39%，中午占36%，下午占25%，下午开花少，浇水、打药、叶面喷肥在下午进行为好。

3. 水分

水是枸杞树体的重要组成部分，在枸杞成熟的浆果中，水的含量在78%～83%，水在树体的新陈代谢中起着重要作用，它既是光合作用产物不可缺少的重要组成因素，又是各种物质的溶剂，使根部吸收的无机盐输送到树冠各部分，把叶片制造的光合作用产物输送到根部，促使树体生长，根深叶茂，花多果大。

枸杞耐旱能力很强，在宁夏年降雨量仅为226.7mm，而年蒸发量2050.7mm的干旱山区悬崖上能生长。在从不灌水的古老长城上也能生长，并有少量开花结果。这是因为它的根系发达并能伸向较深远的土层吸收水分。同时，枸杞是等面叶，正反两面的栅栏组织和海绵组织都很发达，这种组织细胞间隙小，使叶面水分蒸发受到节制，相对地保持了更多树体水分，因而耐旱能力强，但是，如要获得丰产优质，就必须有足够的土壤水分供应。据试验调查，枸杞在地下水位1.5m以下，20～40cm深的土壤含水率在15.3%～18.1%时生长正常，地下水位如过高则对枸杞生长不利。当地下水位在60～100cm时树体生长弱，发枝量少，枝条短，花果少，果实也小，叶色提前发黄，叶片变薄，容易加重落花落果和落叶，树体寿命缩短。因为，地下水位过高，土壤的通气条件恶化，影响枸杞根系的呼吸和生长。另外，地下水位过高，增强水分蒸发，引发土壤次生盐渍化，使土壤可溶性盐增加，导致枸杞生长衰弱，产量降低。

“枸杞离不开水，又怕水”，最忌地表积水，在过湿的土壤中，容易引起树体死亡，在过去宁夏个别地区将水稻与枸杞插花种植，导致茨园地下水位上升、受浸死亡、挖毁的枸杞树不胜枚举。因此，枸杞园的地势要高，不能积水，一旦积水，应及时排水，才能有助于枸杞生长。

水对枸杞树生长的影响因季节不同而异，春季土壤水分不足时，影响萌芽和枝叶生长；夏季水分不足时，扼制枸杞根系对养分的吸收，生长不旺，枝条短，落花落果严重；秋季干旱，使枝条和根系生长提前停止。在生长季节，如阴雨时间长，枸杞易得黑果病、灰霉病，红熟了的果实会破裂，从而降低果实品质。

枸杞对水质要求不严，中宁枸杞老产区茨园都是引黄河水灌溉，水的矿化度在1g/L以下，但在干旱区，如宁夏中宁石喇叭、同心王团、吊堡子、海原高崖子、固原韩府湾茨园用矿化度3～6g/L的苦水灌溉，也能生长良好。

4. 光照

枸杞是强阳性树种，光照强弱和光照长短直接影响光合作用，也影响枸杞的生长发育，在生产实践中常看到被遮阴的枸杞树比在正常日照下的生长弱、枝条细、节间短、木质化程度低、发枝力弱、枝条寿命短，尤其是树膛内因缺光照而枯死的枝条多，被遮阴树的叶片薄，色泽发黄，花果少，产量低。我们在1999—2005年进行枸杞设施栽培试验研究时就发现这个问题，温棚里面的枸杞叶片薄，色泽淡，枝条细弱，木质化程度低，大多数芽眼具单果，产量低，口味差，含糖量低。根据大田生产观察，树冠各部位因受光照强弱不同，枝条坐果率也不一样，树冠顶部枝条的坐果率比中部枝条的高，外围枝条坐果率比内膛的高，南面枝条的坐果率比北面高，光照还会影响果实中可溶性固形物的含量。据测定，在同一株树上，树冠顶部光照充足，鲜果的可溶性固形物含量为16.33%，而树冠中部光照弱的果实可溶性固形物含量为13.68%。

由于光照对枸杞生长发育影响大，所以在生产中应选择好栽植密度、栽植方式、树形选留和修剪量，充分利用土地空间和光照，才能既提高产品质量又获得高产。

（二）生长因子

风向、风速、大风日数是影响枸杞生长发育的主要因子，如生育期经常刮同一方向的风，那么枸杞树就会向刮风一边倾斜，影响整体树冠的培育，影响产量，但不影响枸杞世代完成。在生育期，特别是枸杞采收期，如果风速过大，枸杞遭受大风灾害的可能性就大，造成短时间内落花落果落叶，如果大风日数多，经常出现灾害性大风天气，就会严重影响枸杞的生产，要建立农田防护林，寻找更好的栽植区。至于坡度、坡向、地势高低关系到早晚霜来的方向，是否给空气滞留造成霜害等都会间接影响枸杞的生长发育，造成产量下降和经济损失。

四、抗性特点

1. 抗旱能力强

我们常见在干旱的黄土高崖或数丈高的墙垣上，或在缺水的沙荒地上，枸杞均能生长，这是因为枸杞具备耐旱的习性，它的根系发达，并能向远处伸展，在高崖或沙荒地的枸杞，其根系伸向低处土层吸收水分；枸杞的叶是等面叶，正反两面的栅栏组织和海绵组织都很发达，这种叶片使水分蒸发受到节制，相对保持了水分，增强了抗旱能力。利用这一特性可以作为绿化荒山或沙漠的先锋树种，但作为经济作物，在栽培时要保证合适的水肥条件。

2. 抗涝性差

由于枸杞抗旱的特点失去了抗涝习性，地下水位高，受浸渍的茨园，枸杞树枝条发育短、叶片枯黄、叶片薄，失去生机，植株逐渐死亡。因此，建园时一定要注意选择排灌方便的地势较高的干燥处的轻壤土或砂壤土。

3. 抗盐碱性强

枸杞的抗盐碱能力强，野生枸杞在含盐量1%，土壤pH值为9的盐碱土地上还能生长，并且它自身能把吸收的盐碱分泌出来，保持体内盐碱平衡。它的耐碱性能力仅次于胡杨，是盐碱地绿化的先锋生态经济型树种，耐盐碱能力比杨柳还强。但在这些土壤上进行枸杞生产，导致生长不良，结实不多，只能维持生存，所以一定要进行土壤改良，调节土壤酸碱度。

4. 耐瘠薄、耐高肥

只要不是长期浸渍在淹没地带，无论多么瘠薄，枸杞都能够生存成活，开花结果，形成种子，繁衍后代。如沙荒地上和沙漠边缘荒野上的枸杞都能够生长良好，开花结籽。在栽培上为了获得高产优质，大量的施入有机肥、氮磷钾肥和各种微量元素肥料，枸杞能够生长良好，群众称之为“枸杞是肥堆上的庄稼”，施肥越多，管理越精细，产量越高，品质越好。

5. 既耐高温，又耐寒冷

据有关资料证实，枸杞在新疆沙漠边缘能耐60℃的高温，在−54℃的低温条件下，仍能够正常越冬，部分细弱枝条略有冻干，主干、主枝仍然能够抽出新枝。

6. 抗病虫能力差

枸杞营养丰富。枸杞根皮、枝条韧皮部、花、果实、种子、叶片、嫩枝营养丰富，又兼具防病治病的功能。羊只误入茨园打死都赶不出来，野兔以枸杞枝条、嫩枝为食，繁殖率特高。枸杞抗蚜能力差，蚜虫危害严重时不能抽生新梢，不能开花结果或者花果提前脱落；易遭木虱为害，严重时，导致整株死亡。瘿螨、锈螨、蛀果蛾、蛀梢蛾、红瘿蚊、蓟马、负泥虫、实蝇等都危害严重，造成大幅度减产降收，有的甚至造成绝产。

枸杞肥水不当，易发生根腐病、根茎心腐病、黑果病、白粉病、流胶病、霜霉病、灰霉病、叶片斑点落叶病等。

第二节　宁夏枸杞主要栽培品种

（一）宁杞1号

1. 形态特征

（1）结果枝　粗壮、刺少，当年生枝青绿色，多年生枝褐白色，枝长40～70cm，节间长1.3～2.5cm，结果枝开始着果的距离6～15cm，节间1.2cm。

（2）叶　深绿色，质地较厚，老枝叶披针形或条状披针形，长8.0～8.6cm，宽1.00～1.76cm。

（3）花　花瓣展开1.5cm，冠长1.6cm，花丝下部有圈稀疏绒毛，明显花大。

（4）果　果柱形，先端钝或全尖，果身具4～5条纵棱，果长1.8～2.4cm，果径0.8～1.2cm，果肉较厚，果实鲜干比为4.37：1，内含种子10～30粒，种子占鲜果重的5%左右。

2. 经济性状

该品种是目前生产上主要推广的优良品种，树体架形好，针刺少，便于管理。产量一般亩产150～200kg，管理好可达250～300kg，最高400kg以上，鲜果千粒重605g，一等果率达79%。植株抗根腐病能力强，对于蚜虫、木虱、红瘿蚊、锈螨、瘿螨、蓟马等害虫，应加强预防。宁杞1号是目前生产上的主栽品种之一。

（二）宁杞4号

1. 形态特征

（1）结果枝　粗壮、刺少，当年生枝青灰或青黄色，多年生枝灰褐色，枝长35～55cm，节间长1.3～2.0cm，结果枝基部开始着果的距离7～15cm。

（2）叶　绿色，质地较厚，老枝叶披针形或条状披针形，长5～12cm，宽0.8～1.4cm，新枝第一叶为卵状披针形，长5.5～8.0cm，宽1.4～2.0cm。

（3）果　幼果尖端渐尖，熟果尖端钝尖，果身圆或略具棱，果长1.8～2.2cm，果径0.6～1cm，果肉厚，果实鲜干比为4.3∶1，内含种子17～35粒。

（4）花　花瓣展开1.3～1.4cm，花冠长1.5cm，花略小。

2. 经济性状

该品种架形软硬适中，针刺少，便于管理。产量，一般亩产可达100～150kg，管理好的可达250～300kg，最高500kg以上，干果千粒重114g，鲜果千粒重500～582.9g，种子千粒重0.8g，一等果率53%。宁杞4号适应性强，抗根腐病、耐锈螨能力强，是目前生产上推广面积最大的品种。

（三）宁杞5号

“宁杞5号”在生产中表现丰产、稳产、果粒大、鲜食口感好、采摘省工、种植收益高等综合优势。果实性状：鲜果橙红色，果表光亮，平均单果质量1.1g，最大单果质量3.2g。鲜果果型指数2.2，果身多不具棱，纵剖面近距圆形，先端钝圆，平均纵径2.54cm，横径1.74cm。宁杞5号果实鲜干比为4.3∶1，干果色泽红润，果表有光

泽，含总糖56%，枸杞多糖3.49%，胡萝卜素1.20mg/100g，甜菜碱0.98g/100g。宁杞5号树势强健，树体较大，枝条柔顺。花长1.8cm，花瓣绽开直径1.6cm，花柱超长，显著高于雄蕊花药，新鲜花药嫩白色，开裂但不散粉，为雄性不育。宁杞5号雄性不育无花粉，栽培需配置授粉树，适宜授粉树宁杞1号、4号、7号，混植方式1：1～2行间或株间混植，生产园需放养蜜蜂。宁杞5号对根腐病、瘿螨、白粉病抗性较弱，雨后易裂果。喜光照，耐寒、耐旱，不耐阴、湿。亩产240～260kg，混等干果269粒/50克，特优级果率接近100%。

（四）宁杞7号

枝：二年生枝灰白色，当年生枝未木质化时青绿色，梢端微具紫色条纹，枝条粗长，节间较长。叶：当年生枝成熟叶片宽披针形，成熟叶片青灰绿色叶脉清晰，叶片较厚。花：花冠檐部裂片背面中央有1条绿色维管束；花展开后2～3小时，花冠堇紫色自花冠边缘向喉部逐渐消退，远观花冠外缘近白色。果：幼果粗直，花冠脱落处无果尖，鲜果无清晰果，长圆柱形，暗红色，果表无光泽。平均鲜果单果重0.71g，横纵径比值2.0。生长习性：萌芽较宁杞1号早4天左右，2年生枝花量极小，当年生枝起始着果节位3个左右，每节花果数2个左右，剪截成枝力4.5左右。果实习性：鲜果耐挤压，果实鲜干比为4.3～4.7：1，自然晾晒至干需时与宁杞1号基本相当，雨后易裂果。病虫害抗性：对瘿螨、白粉病抗性较弱，对蓟马抗性弱。适应性：喜光照，耐寒、耐旱，不耐阴、湿。树体指标：成龄树树型为低干矮冠自然半圆形，株高1.5m左右，冠幅1.5m左右，结果枝250～300条，基茎粗5cm以上。产量指标：栽植第1年产干果≥20千克/亩，第2年≥75千克/亩，第3年≥150千克/亩，第4年≥200千克/亩，第5年进入成龄期≥250千克/亩。

（五）宁农杞9号

宁农杞9号主要生物学特性：树体生长量大，生长快；老眼枝灰白色，正常水肥条件下无棘刺；当年生七寸枝青绿色，梢端具大量堇紫色条纹。自然成枝力弱（2.8枝/枝），剪接成枝力强（4.4枝/枝）。枝条粗长、硬度中等（平均枝长：51.93cm，平均枝基粗度：0.37cm），平均节间长1.57cm。成熟叶片厚，深绿色，一年生枝上叶片常扭曲反折；叶长宽比为4.2：1，叶片厚度0.71mm。二年生枝花量少，当年生枝条上每叶腋花量1～2朵；花蕾上部紫色较深，花萼单裂，花瓣5，花冠筒裂片圆形，花瓣绽开直径1.61cm，花喉部豆绿色，花冠檐部裂片背面中央有3条绿色维管束。宁夏地区夏果平均单果重1.14g，纵横径比值2.5，果肉厚1.8mm，含籽数平均32个，鲜干比为4.3～4.7。

第三节　枸杞苗木繁育技术

一、有性繁育

用种子培育成的苗木叫实生苗，也叫种子苗。种子苗在生产上表现变异大、结果迟、经济效益慢，所以这种育苗方法目前只作为选择育种苗木繁殖方法，不用作枸杞生产育苗，因而不再作详细介绍。

二、无性繁育

无性繁殖是指利用植物的组织或器官，在适宜的条件下，通过它的分化作用，再生完整植株的过程，也叫营养繁殖，包括压条、分根、扦插、组织培养等多种方式。这种繁殖方法的最大优点是苗木能够最大限度地保持母树的优良性状，结果早、产量高，优良品种能在生产上迅速繁殖推广。

（一）无性繁殖的种类

无性繁殖方法常有：硬枝扦插育苗、嫩枝扦插育苗、组培育苗、分株繁殖、压条繁殖、嫁接繁殖。

（1）扦插育苗　利用植物母体上剪取的一定长度的枝条、茎或根，在适宜的环境条件下，使其长成独立新植株的育苗方法。有枝插、根插、芽插、叶插几种，枝插有硬枝扦插和嫩枝扦插两种。

（2）组培育苗　是指在无菌环境和人工控制条件下，在培养基上培养植物的离体器官（如根、茎、叶、花、果实、种子等）、组织（如花药、胚珠、形成层、皮层、胚乳等）、细胞（如体细胞、生殖细胞花粉等）和去壁原生质体，使之形成完整植株的过程。

（3）分株繁殖　利用母树的根茎苗（根蘖苗），将其与母树分离，另行栽植。

（4）压条繁殖　是在枝条与母树不分离的状态下，将枝条压入湿土中，使其生根后，与母枝剪断成为新植株的繁殖方法。

（5）嫁接繁殖　人们有目的地将一株植物上的枝条或芽，嫁接到另一株植物的枝、干或根上，使之愈合生长在一起，形成一个新的植株。

（二）扦插繁殖的优缺点

1. 扦插繁殖的优点

（1）能获得与母株具备同样优良性状的新个体。

（2）扦插苗比用种子苗开花结果早，经济效益来得快，产量高。

（3）利用扦插繁殖可以在短时间内获得大量后代，以满足发展枸杞生产之需要。

（4）在新品种的推广上，利用扦插繁殖，可在短期内获得性状稳定的大量苗木。

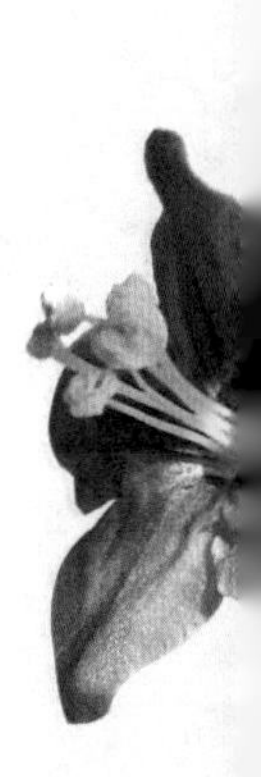

2. 扦插繁殖的不足

（1）扦插繁殖的苗木根系比种子繁殖的苗木根系浅，寿命短。

（2）枸杞扦插生根困难，技术和方法不易掌握，一旦失败，浪费土地、人力、物力、财力。

（3）组织培养、嫩枝扦插设备一次性投资大。

（三）扦插繁殖的生物学特性

1. 扦插繁殖的生理特性

（1）植物器官的再生功能　细胞的全能性学说：具有生命的植物体，都是由胚细胞经过重复分裂繁殖，在形态和生理上进行分化，产生植物体各部器官和组织，这种重复分裂而产生的每个细胞，潜存着胚细胞的全部基因，都保持着和细胞分裂初期一样的遗传物质，具有再生植物体各器官和组织的遗传信息。这就是生物体细胞的全能性学说，这种学说为植物扦插繁殖提供了理论依据。

扦插育苗，就是利用植物器官的再生性能，从亲本母树上剪取枝条制成插穗，在适宜的环境条件下，插穗基部的分生组织，经过复杂的生理变化，从形态上进行结构调整，产生新的器官，即形成不定根，培育出与母体完全相同的植株。

（2）插穗的生根原理　插穗不定根的发源部位，随树种和品种不同有很大差异，一般多从幼嫩的次生韧皮部发生，有的可从维管射线或是形成层部位出现。其发育过程可分为三个时期：①细胞的分化期，由许多分生细胞，在生根物质作用下，转变为分生组织状态，再经过分化繁殖形成分生细胞群，即根原细胞；②根原细胞再分化繁殖形成可见的根原基；③根原基内的细胞继续分化形成根尖的外形和维管组织，向内发育与茎的维管束相连接，向外生长穿过皮层或是愈合组织，当从茎上出现时，就已形成完全的根冠和根组织。

（3）插穗的生根类型　植物插穗的生根，由于没有固定的出生位置，所以称为不定根。根据不定根的发生部位可分为两种类型：一种是从插穗基部的表皮钻出来，称为皮部生根型；另一种是从愈合组织内或从愈合组织相邻近的部位钻出来，称为愈合组织生根型。

①皮部生根型：在正常情况下，插穗的形成层部位，能够形成许多特殊的薄壁细胞群，成为根原始体，这些根原始体就是产生大量不定根的物质基础。由于细胞分裂，向外分化成圆锥形的根冠，侵入韧皮部，通向皮孔；向内发育，与其相连的髓射线也逐渐增粗，穿入木质部通向髓部。皮部生根较迅速，生根面积广，属于易

生根树种，通常在7～15天内完成生根过程，成活率也比较高。

②愈合组织生根型：在插穗基部的切面上，其受伤细胞的原生质，经过分解产生创伤激素，并被健全细胞吸收，同时在上部转移来的生长素及生根诱导物质共同作用下，使这些健全细胞发生分裂，从而形成愈合组织。它一面保护切口免受外界的不良影响，同时还在继续分化，在愈合组织中或愈合组织附近部位最活跃的细胞不断分生，形成根的生长点即根原基，从而产生不定根。枸杞以愈合组织生根为主。

2. 插穗生根的物质基础

插穗生根的生理基础是根原基的存在，而根原基的产生和发育，必须是有促进根原基形成的物质和根组织发育所必需的营养物质，这种物质在插穗中可能已经具备，或者在扦插后形成，是插穗不定根产生的物质基础，也是插穗生根难易程度的根本因素。

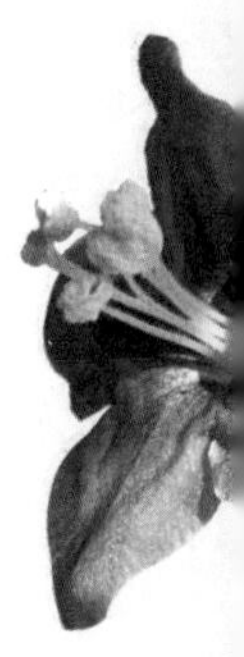

（1）插穗生根的促进物质　使细胞分化起重要作用的是生长素，它能将普通细胞转化成根原细胞，并具有加速细胞分裂、促进生根和抑制侧芽生长的作用。除了由叶片合成的天然吲哚乙酸外，目前广泛应用在生产上人工合成的生长素有吲哚乙酸、吲哚丁酸、萘乙酸和生根粉等。生长素的功能必须在生根辅助素（插穗体内自然存在的酶类物质）的参与下才能发挥促进生根的作用。一般来说，生根辅助素只有和生长素相互结合，才能成为促进生根的有效因子。除了促进生根的物质外，还有许多协助生根的物质，如生物素、维生素B_1、维生素B_6、烟酸和其他碳水化合物等，这些物质都和根原基细胞分裂有关，当进行促进生根处理的同时，应用此类物质以增强生根效果。

（2）插穗生根所必需的营养物质　碳水化合物和氮素化合物，是插穗的生存条件和生根过程的营养物质。特别是碳水化合物，插穗从扦插到生根期间，要依靠自身贮藏的碳水化合物来维持复杂的生理变化和活动，是插穗生根过程的重要能源。许多中微量营养元素，如磷、钾、钙、铁、锌、硼等对生根也都有影响，如锌可使插穗体内色氨酸增多，因色氨酸是生长素形成的前身，经过叶片的生理作用可产生更多的生长素。

（3）插穗生根的阻碍物质　内源生长抑制剂，是植物体内自然存在的生长阻碍物质，植物的休眠、落叶、封顶和衰老等生理现象，是靠生长抑制剂来实现的，同样对插穗生根也具有明显的阻碍作用。虽然阻碍生根的物质和促进生根的物质相互对抗，能使生长促进剂失去活力，但对节制生长和保证在不利环境下能继续生存具有重要作用。

植物生长抑制剂的产生和运作机制，与日照的强度和光周期有关，并且其具有积累叠加特性。光照可使细胞的生理活动产生阻碍生长的物质，同时随着年周期的气候变化，阻碍生长物质的积累会引起细胞的老化。新生枝条和嫩枝扦插更容易生根，原因就是其内部生根抑制剂积累得少的缘故。

3. 影响插穗扦插生根能力的内因

（1）树种的遗传特性　不同树种，遗传特性不同，其扦插成活生理是有所不同的，同一树种的不同品种之间也有一定的差异。这是因为具有不同遗传特性的树种，其形态构造、组织结构和生理基础的差异，其再生能力的强弱不同，也就是扦插繁殖的生理基础不同，表现在扦插生根能力有难易之分，有的表现容易生根，有的稍难，还有的干脆不生根。不同树种的生根难易，只是相对而言的，随着科学技术的发展，有些很难生根的树种可变为扦插容易生根的树种。

（2）母树及枝条的年龄　插穗的生根能力是随母树年龄的增长而降低的。在一般情况下母树年龄越大，植物插穗的生根能力越小；而母树的年龄越小，则生根越容易。母树随着年龄的增加而插穗生根能力下降的原因，主要是阻碍生长物质逐渐增多，引起各部器官的功能衰退，细胞老化，新陈代谢削弱，其组织生活力和适应性也逐渐降低，使得插穗失去了再生能力。相反，幼龄母树的枝条内含有丰富的生根所必需的物质，而阻碍生根的物质则是越年幼的母树含量越少，组织的生命活力和再生能力很强。

插穗以当年生枝条的再生能力为最强，这是因为嫩枝插穗内源生长素含量高，细胞分生能力旺盛，有利于不定根的形成。

（3）采条部位　在母树的不同部位采取的插条，其生根率的表现是不同的。一般树种主干上萌发出来的枝条发育良好，形成层组织充实，分生能力强，用它作插穗比用侧枝，尤其是多次分生的侧枝生根力强。

（4）扦插时期　由于树种的遗传性不同，又受到环境因素的影响，因此使得植物生长发育在生理上表现出独特的生理状态。这就使植物形成了各自的生根最佳时期，应遵照植物的生根时间规律进行扦插育苗，否则扦插不易生根或造成扦插失败。

（5）插穗质量　枝条发育的好坏，即充实与否，直接影响到枝条内营养物质的含量，这对插穗的生根成活有很大的影响，插穗内积存的养分，是扦插后形成新器官所必需的营养物质，没有足够的营养贮备，插穗在生根之前不能维持其生存，不易成活。所以在采条时应选择成熟度较好、充实、节间短的枝条作为插穗，这样的枝条碳水化合物含量高，有利于不定根的形成。

（四）枸杞插穗生根过程中的生理特点

1. 生根过程中营养物质的变化

插穗扦插后在适宜的温度、湿度、水分、空气和光照条件下开始出现生根、萌芽、展叶等一系列的形态变化，而保证这些变化顺利进行的物质基础就是插穗中储存的营养物质。在母体营养阶段，插穗中的主要营养物质——可溶性糖类和淀粉含量有规律的下降，直到进入独立营养阶段后，才能合成有机物质，可溶性糖类、淀粉含量才能回升。扦插前插穗内木射线、韧皮部和皮层内均有较多的淀粉粒，扦插后经过10～15天，仅能在木射线和韧皮部内发现极少量的淀粉粒，30天后淀粉粒全部消失，直到进入旺盛生长期以后，插穗内才有新的淀粉粒。因此，保证母树种条中含有丰富的营养物质，对提高扦插成活率有着非常重要的意义。

2. 生根过程中水分代谢的特点

插穗展叶，标志着新个体已经有了旺盛的生命力，这时不仅形成新组织需要充足的水分，而且芽、叶片的蒸腾作用也需要消耗大量的水分。据测定，插穗展叶到生根临界期，蒸腾强度大约提高1倍。枸杞在插穗生根以后处于旺盛生长期，水分饱和差一般都保持在100%左右，但在插穗生根以前，水分饱和差仅25.7%～39.5%。根据水分代谢的特点，在生根临界期的主要矛盾，就是水分平衡问题。

（五）母本采穗圃建设

营养繁殖就是利用植物营养器官的再生能力来繁殖新个体的一种繁殖方法。营养繁殖的后代来自同一植物的营养体，它的个体发育不是重新开始，而是母体发育的继续。因此，开花结果早，能保持母体的优良性状和特征。但是，营养繁殖的繁殖系数较低，长期进行营养繁殖容易引起遗传基因变异、性状分离，造成品种退化。扦插育苗中采集的种条前5代扦插苗性状变异不大会最好，5代之后的扦插苗会出现品种退化现象。

1. 品种退化变劣的主要原因

（1）基因劣质微突变的积累　果树突变的频率依树种、品种、树龄而异，但在多数情况下，劣变多于优变。果树大部分以微突变的形式出现，其形态表现在外观上不易区分。繁育时易将劣变材料混入，引起种性退化。

（2）繁殖材料的异质性　健壮毒枝和徒长枝，插穗各芽的异质性均可形成殖体个体间的微细差异。因此，必须选择充实健壮的枝条作插穗。衰老的芽条在生理上趋于衰退，细胞的生理活性降低，更新能力减弱，其后代较易引起退化。

（3）病毒的浸染　受病毒、类菌原体浸染的组织或细胞。破坏了生理协调，影响产量与质量以及引起细胞内某些遗传物质的变异，为防止退化，应该对繁殖材料选优去劣和加强对种苗的检疫，使用无病毒繁殖材料。

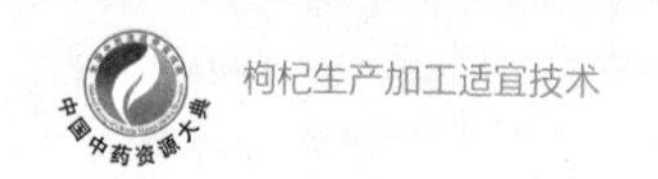

2. 母本采穗圃建设

采穗圃是枸杞育苗的基础，也是能否生产出优质苗木的质量保证。建立母本采穗圃，必须采用无性育苗方法繁殖的苗木进行建立。母本采穗圃主要有以下两种方式：一种方式是苗圃式采穗圃，这种采穗圃只能采集种条，不用于生产枸杞果实；另一种方式是生产园采穗圃，这种生产园除生产枸杞果实以外，还要培养大量种条用于扦插育苗。这种生产园通过大量结果以后，还能进一步淘汰变异单株，提高品种纯度。

三、苗圃建设

（一）苗圃地的选择

为了既能培育大批量的枸杞优良苗木，又省工省时、方便管理，必须选择条件良好的园地进行育苗，选择园地时应注意以下几点。

1. 位置

苗圃地应选择交通比较方便，便于运输的大型苗圃，以缩短运输距离，提高定植的成活率。

2. 地势

一般选择排涝畅通，通气好，土层较深厚，地下水位低，日照充足，不积留冷空气的缓坡或平地，以减少冻害。

3. 土壤

一般土层深厚而肥沃，富有团粒结构和营养物质，排水及通气良好，酸碱适中的壤土或砂壤土，有利于苗木的根系发育和地上部的迅速健壮生长。

4. 水分

幼苗生长快，组织幼嫩，根系浅，吸收能力弱，对水分过多或过少的反应敏感强烈。因此，选择苗圃地既要接近水源，保障灌溉条件，又要注意排涝，防止雨水过多发生涝灾。

5. 环境

选择病虫害较少，无重茬，有防风屏障的地块。

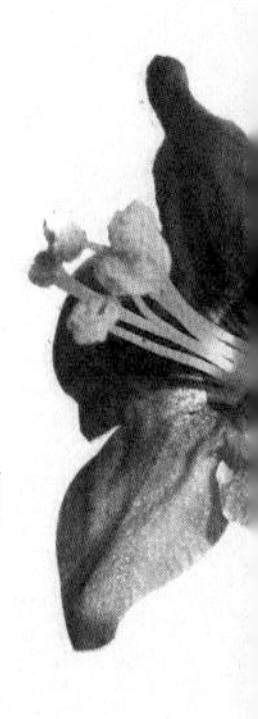

（二）苗圃规划

苗圃地选定后，可根据规模大小进行合理规划，包括道路、排灌系统、田地划区和防护林等，如果选择不好，会直接影响出苗率、苗木质量及经营管理。

（三）苗圃地的改良与轮作

苗圃地如果过砂过黏，一定要施足有机肥料，改良土壤结构，调节土壤酸碱度，降低地下水位，使之成为良好的育苗圃地。

苗圃地一定要轮作，不能长期育苗，更不能长期育同一种苗木，这是因为枸杞根系分泌物对它的根系活动有毒害作用，且长期育苗不轮作可导致土壤中某些营养元素贫乏，病虫害增多。因此要强调苗圃地轮作倒茬，一般育苗地经两年轮作效果好。与豆类绿肥，禾本科作物轮作效果更好，不能与其亲缘关系相近的同科作物轮作，避免病虫害及所需营养物质相近。

四、苗圃田间管理档案

苗圃田间档案就是把苗圃地的使用情况、苗木生长发育状况、管理技术措施及苗圃日常作业用工等，在一定的表格上系统地记载下来，作为档案资料。通过这种档案资料，可以掌握苗木的生长发育规律，分析总结育苗技术经验，探索土地、劳力的合理利用方法，用以指导苗木生产。

（一）苗圃田间管理档案的主要内容

1. 苗圃土地利用档案

目的在于记录苗圃土地的耕作及利用情况，以便从中分析苗圃地土壤肥力变化与耕作之间的关系，为合理轮作、科学经营苗圃提供依据。

田间档案的内容，各项作业区的面积，地形地势，土质，品种，育苗方式，作业方式，耕作整地方法，灌水、施肥的次数和用量以及病虫害的种类和防治方法，苗木的产量和质量等逐年加以简要记载，归档保管备用。为了便于工作和以后查阅方便，在建立这种档案的同时，应该每年都绘制出一张苗圃土地利用情况平面图，并注明园地总面积、各作业区面积、育苗方式、品种及育苗面积等。

2. 育苗技术措施档案

在每年度内，把苗圃各类苗木的全部培育过程，即从播种或种条处理开始到起苗包装为止的一系列技术措施，按一定表格，分苗类、品种记载下来，如果培育的苗类（有性类、无性类）品种较多，可以选择几个主要的类别填写，如硬枝扦插、嫩枝扦插。根据这种资料可以分析总结育苗经验，提高育苗技术，降低育苗成本。

3. 生育调查档案

以表格的方式记载各种苗木的生长发育过程，以便掌握其生长发育规律及自然条件下和人为因素对苗木生长发育的影响，确定科学的培育措施，及时改进，培育壮苗。

观察苗木生长发育时，要选择一块具有代表性的固定地段，在固定地段选出50～100株具有代表性的苗木，作为固定观察植株。

4. 气象资料档案

气象条件变化与苗木的生长发育及病虫害的发生发展有密切的关系。记载气象因素可以分析它们之间的关系，掌握其规律，确定措施，指导生产。

一般情况下可以从县气象站（靠近苗圃地的气象站）抄录气象资料，如果有条件，根据自己的特殊需要，自己进行观测更好，记载时可按气象记载的统一表格填写。与苗木生长发育最密切的气象因素有气温、地温、湿度、降水量、光照、日照时数，此外还要对本地区早霜、晚霜、风暴、沙暴、冰雹、霜冻等灾害因素作详细记载。

5. 苗圃作业日记

填写苗圃作业日记，不仅可以了解苗圃每天所做的工作，便于检查总结，而且可以根据作业日记，统计各育苗方法的用工量和物质材料的使用情况，核算成本，

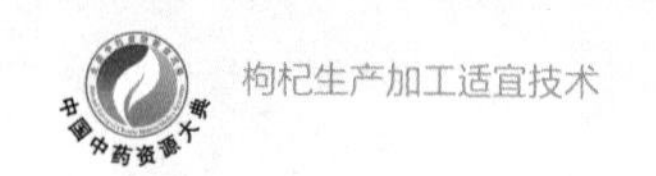

制定合理的生产管理定额，提高劳动生产效率。

（二）苗圃田间管理档案建立的具体要求

苗圃田间档案是苗圃生产的依据，要使这项工作确实落实，在生产中起到应有的作用，必须做到：①设专职或兼职管理员。在多数苗圃可由业务主管或技术员监管，专职管理人员要同技术员密切合作，共同做好这项工作。②田间观察要认真负责，实事求是，及时准确。要求做到边观察边记录。③一个生产周期结束后，及时进行汇集整理，分析总结，以便从中找出规律，指导苗圃生产。④按照材料形成时间的先后或重要程度，连同总结及分类，整理装订，登记造册，归档长期保存。

五、枸杞沙藏倒置催根扦插育苗技术

（一）苗圃地选择与处理

1. 苗圃地选择

苗圃地应选择交通便利，靠近水源，地势平坦，土壤肥沃，团粒结构好的砂质壤土或轻壤土，要求恶性杂草少，病虫害少，排灌方便，易于管理，有机质含量在1%以上，pH值在7～9.5，含盐量在0.2%以下的土地上。要避免在黏重土壤或粗砂土、缺乏有机质的土地上建立苗圃。

2. 苗圃地准备

在选择好的育苗地上，上年秋季深翻，深度达20～25cm，并且结合深翻每亩施入猪粪、羊粪等精粪5000kg，加碳酸氢铵50kg、磷酸钙40kg、硫酸钾10kg，平整耙耱均匀。做成半亩左右的小畦，临冬灌好冬水。翌年春季育苗前浅耕一次，深度15cm左右，耙耱保墒，使高差不超过3cm，清除杂草、石块，达到地平土碎。为防止品种混杂，根据各品种种条多少，划分若干小区，绘制田间布置图，分品种扦插。

3. 土壤处理

常年旱地或蔬菜地常有蛴螬、蝼蛄、金针虫、地老虎等地下害虫和根腐病、立枯病病菌，它们对枸杞根系破坏很大，因此在做苗床前施入辛硫磷、毒死蜱、吡虫啉、高锰酸钾、多菌灵等药剂，消灭地下害虫和病菌，每亩用2～3kg辛硫磷，或2kg毒死蜱，或0.5kg吡虫啉，加多菌灵1kg拌土150kg撒施，或高锰酸钾1kg单独拌土150kg撒施，耙入土壤。

4. 做床或起垅

育苗前对已划分好的小区做床或起垅，苗床宽60～70cm，高10～15cm，床长随地长，床与床之间的沟宽40～50cm，可扦插两行。要求床面高低一致、上虚下实。也可以起垅，一般垅宽30～35cm，垅高15～20cm，沟宽30～40cm，可扦插一行。

（二）种条采集与处理

1. 品种选择

选择宁杞4号或宁杞1号。

2. 采集时间

一般在春季树液流动至萌芽前的3月10日～4月5日，也有在冬季进行反季节硬枝扦插育苗，在11～12月采集种条。

3. 种条采集

剪取良种母树上生长健壮、粗度在0.5～1.2cm的二年生结果枝条，或当年生的二混枝条，或春夏季萌生的徒长枝。剪下后剪去针刺或小枝，断成14cm长的种条，上剪口剪成平口，尽可能减少水分蒸发，下剪口剪成马耳形，利于扦插后愈合生根。按50根或100根绑扎成一捆，注意分清基梢，防止颠倒，将基部剪口整齐。

4. 种条贮藏

采集的种条因不能及时处理扦插，必须先将种条贮藏。贮藏时通常用窑藏或潮湿沙土深埋。窑藏可以利用当地果窑、菜窑，将打成捆的种条直接堆集在窑内，保持窑内湿度在80%左右，温度在0～5℃。河沙深埋是用湿度在60%～80%的潮湿河沙深埋压实打成捆的种条，种条竖放，可以摆一层或多层，要求层与层之间、捆与捆之间填满潮湿河沙。上层再盖30～50cm的潮湿河沙。也可将打成捆的种条直接装入新的厚塑料袋内，分清倒顺，摆放整齐，扎紧袋口，贮存在库房或阴凉房间内。

（三）种条催根

1. 生根剂处理

种条在扦插前用α-萘乙酸、吲哚乙酸、吲哚丁酸、ATP生根粉等生根处理。生根剂先用酒精溶解，然后再到入清水中配制成浓度为20ppm或100ppm的生根液。将捆扎成捆的种条置入100ppm的生根液中浸泡4小时，20ppm的生根液中浸泡12～24小时。浸泡部位在种条基部1/3或3～6cm。

2. 沙藏倒置催根

沙藏倒置催根：在向阳背风的地方，先用潮湿河沙垫底，厚度20cm，再将经过生根剂处理后的成捆种条依次梢部朝下倒置在河沙上，要求种条与种条、捆与捆之间用潮湿河沙填满空隙，四周也要用30cm厚的河沙围住，用锹拍实。或在向阳的地里挖一深20cm，足够大的长方形池子，用潮湿河沙垫底，厚度5cm左右，再将经过生根剂处理后的种条依次梢部朝下倒置在河沙上，要求种条与种条、捆与捆之间用潮湿河沙填满空隙，四周也要用的河沙围住，不要让种条与湿土接触。种条基部务求平整，上盖7～10cm厚的潮湿河沙，再盖1～2cm厚的潮湿锯末，上面再撒一层草木灰，作为吸热保温材料。如果天气阴、气温低，要用新棚膜覆盖，晚上还要再用草帘覆盖保温。

为了掌握种条基部与梢部温度，需要在种条基部生根部位、梢部发芽部位和锯末层插上温度计。控制种条基部生根部位的温度在15～25℃，种条梢部发芽部位的温度控制在12℃以下。当膜下温度上升到40℃以上或种条梢部发芽部位的温度达到12℃时，应揭去棚膜适当散热，特别是在中午12点到下午2点，很容易出现高温，适当洒水降温。河沙湿度以手握成团，松手时散开为宜，即湿度保持在80%左右，切忌湿度过大。每隔2天检查一次，补充水分，一周左右，种条基部就可以形成愈伤组织和0.5cm长的幼根。

（四）扦插

按照确定的株行距，在苗床上用开沟器拉线开窄沟，如果前面土壤没有施入杀虫、杀菌剂，先在窄沟内撒施杀虫剂和杀菌剂，视土壤干湿程度再用水壶或水车浅灌扦插沟，在水分渗入土壤后扦插。每亩插入种条1.5万～2万根，种条株距5～8cm。插入时要分清倒顺，不能倒插，轻轻插入泥土中，不能刺伤种条外皮愈伤组织和已生成的不定根。种条上部需露出地表2～3cm。扦插完成后为提高地温，加速根系生长，以促早成活，保全苗，扦插后要覆盖地膜，苗床两头及两边的地膜用土压实，不致被风吹起。

也可按照确定的株行距，在苗床上先覆盖地膜，苗床两头及两边的地膜用土压实，不致被风吹起。然后用粗1.2cm，长12cm，齿间距为3～5cm的打孔器拉线打孔，打孔器打孔深度为12cm，不能太深。之后扦插种条，再之后浇水。插入时要分清倒顺，不能倒插，轻轻插入泥土中，不能刺伤种条外皮愈伤组织和已生成的不定根。种条上部需露出地表3cm。

（五）插后管理

1. 破膜

在扦插后15～20天，种条梢部就会有萌芽发出。这时就要每天检查，如发现膜下有萌芽要及时破膜，以免高温烧芽。要小心注意，不能碰掉萌芽。破膜后用土压实种条和薄膜接孔，使覆膜继续起到增加地温和除草的目的，保证枸杞种条多生根、快生根、早成活。

2. 灌水

在种条萌芽后新梢长到10～15cm以前一般不宜浇水，以免降低地温，不利于生根。第一次灌水时间要依据土壤墒情，苗木的生长情况而定，苗木生长高度达到15cm时，气温高，蒸发量大，水分不足，及时灌水。第一次灌水量不宜过大，沟内见水即可，灌水深的地方要灌后即撤。以后灌水可依据土壤墒情每隔25～30天灌水1次，整个生育期灌水4～5次。

3. 松土除草

灌水后要及时松土除草，不能等到草长大了、根扎深了再除就困难了。注意松土除草时防止碰松种条或带掉幼苗。苗木新梢长到30cm时，每亩用33%的施田补250ml行间喷雾封闭田间杂草。

4. 施肥

在5月下旬，苗木长到20cm进入速生期后就可以追肥。前期以氮肥为主，磷钾肥为辅，目的是促进枝叶生长。后期以磷钾肥为主，尽量使苗木生长充实。灌二水时进行第一次追肥，每亩用尿素20kg加复合肥20kg、硫酸钾5kg。灌三水时进行第二次追肥，每亩用腐殖酸有机肥40kg加磷酸二铵20kg、尿素20kg。以后每隔30天根据据土壤肥沃程度及苗木长势确定追肥数量和追肥品种。

5. 去杂去劣

枸杞地在连续育苗中，园地会产生一定数量的根蘖苗或种子苗，如果不去除杂苗会影响枸杞种苗品种纯度，根蘖苗和种子苗比较容易变别，应及时拔除。枸杞成活种苗中也会有一些退化单株或杂劣单株，观察苗木株高、叶片大小、枝梢颜色等，如有与大多数单株不一样，就将其拔除，以绝后患。

6. 抹芽定秆

当苗高长到50～60cm时要及时抹除和剪去苗木基部发出的侧芽和侧枝，只保留距地面50～60cm内的强壮新梢，当苗高长到60cm时及时摘心封顶控制高度生长。通过苗期合理修剪以达到在苗圃内培养出第一层侧枝，形成小树冠的目的。

7. 病虫害防治

（1）病虫害种类　枸杞苗期的虫害主要有金龟子（蛴螬）、地老虎、金针虫、蚜虫、木虱、卷梢蛾、潜叶蛾、负泥虫；病害主要有炭疽病、白粉病、根腐病；螨害主要有瘿螨、锈螨。

（2）防治方法　在苗木生长期有针对性施用农药。用石硫合剂0.2Be、硫悬浮剂300倍液可防治枸杞白粉病、锈螨；用高锰酸钾1000倍液或噻霉酮800～1000倍液防治枸杞炭疽病；每亩用多菌灵1.5kg或高锰酸钾1kg土壤施药可以防治枸杞根腐病、立枯病；用双甲脒1500倍液、尼索朗2000倍液、哒螨灵2000倍液、齐螨素3000倍液可以防治枸杞瘿螨；用10%的吡虫啉1500倍液、3%的啶虫脒3000倍液、1%苦参素1000倍液可以防治枸杞蚜虫；用高氯菊酯1500倍液加益梨克虱3000倍液或30%机油石硫合剂1000倍液可以防治枸杞木虱、白粉虱；用10%吡虫啉1500倍液加高氯菊酯2000倍液或0.5%印楝素乳剂1200倍液可以防治负泥虫，用BT1000倍液可以防治潜叶蛾、蛀梢蛾。

（六）苗木出圃

苗木出圃包括起苗、分级、假植、包装和运输等工序。

1. 起苗时间

春季起苗时间在3月中旬至4月上旬，秋季在落叶后至封冻前。起苗要求少伤侧根，保持较完整的根系，不能折断苗木。起苗后应将苗木立即放置于阴凉处，剔去废苗和病苗，以备分级。

2. 苗木分级

枸杞苗木分级指标如表3-1所示。

表3-1　枸杞苗分级标准

级别	苗高（cm）	根茎粗（cm）	侧根数（条）	根长（cm）
一级	60以上	0.8以上	5以上	20以上
二级	50～60	0.6～0.8	4～5	15～20
三级	50以上	0.4～0.6	2～3	15～20

3. 假植

苗木挖起后，如无法立即定植或包装外运时，应假植。秋季起出的苗，应选地势高、排水良好、背风的地方假植越冬。假植时要掌握头朝南，疏摆，分层压实，培土，踏实不透风的办法。假植后要常检查，防止风干、霉烂。

4. 包装和运输

远运的苗木要用草袋进行包装。包装时要保持根部湿润，并用标签注明品种名称、起苗时间、等级、数量。运输途中严防风干和霉变。

六、枸杞嫩枝扦插育苗技术

利用简易日光温棚进行带叶嫩枝扦插是一种较为先进的育苗技术，与硬枝扦插育苗相比，嫩枝插条细胞分生能力强，内源生长素较多，生根较容易。带叶嫩枝插条不仅能进行光合作用，提供生根所需要的碳水化合物，而且能合成内源生长素，刺激插条生根，生长迅速，成苗率高，1年可扦插多批，插条来源丰富，繁殖系数高，是一种快速高效的育苗方式，尤其对于生产上急用的优良品种而言，嫩枝扦插更为有效。

（一）苗圃地建立与准备

1. 苗圃地选择

苗圃地应选择交通便利，靠近水源、地势平坦、土壤肥沃、团粒结构好的砂质壤土或轻壤土，要求杂草少，病虫害少，排灌方便，易于管理。并且要求地下水位在1.2m以下，pH值在7～9.5，土壤含盐量在0.2%以下。避免在黏重壤土、缺乏有机质的土地上建立苗圃。

2. 苗圃地准备

在选择好的育苗地上，上年秋季深翻，深度20～25cm，并结合深翻每亩施入猪粪、羊粪等杂粪5000kg，加过磷酸钙40kg、硫酸钾10kg，平整耙耱均匀。做成300m^2左右的小块，灌好冬水。翌年5月中下旬育苗前结合浅耕，每亩施尿素10kg左右，浅耕深度15cm左右，接着耙耱保墒，使高差不超过3cm。

3. 土壤处理

因育苗地常有蛴螬、蝼蛄、金针虫、地老虎等地下害虫和根腐病、立枯病病菌，它们对枸杞插条和枸杞根系破坏很大。因此在做苗床前每亩用辛硫磷2～3kg，或毒死蜱2kg，或吡虫啉0.5kg，加多菌灵1kg、高锰酸钾1kg、拌土150kg，撒施后耙入土壤，杀灭地下害虫和病菌。此项工作也可以结合育苗前浅翻时一并施入。

4. 做床

整地后沿东西方向做成宽1.5m，长8～10m的苗床，上铺10cm厚的河沙。两条苗床为一棚，苗床与苗床之间的沟宽30cm，深10cm，棚与棚之间宽100cm。

（二）温棚搭建与设备安装

1. 温棚搭建

嫩枝扦插育苗棚一般采用钢管或竹板搭建弓形日光温棚，可做成较宽的中大型温棚，一般棚宽6～10m，高2.0～2.5m；也可做成较窄的小拱棚，棚宽1.6～2m，高1m，棚长随地条长度。温棚考虑到地方风向的影响，温棚搭建为南北走向为最好，中大型温棚的棚架用钢管焊接制作，小拱棚用弓形竹板支撑。生产上应用最普遍的拱棚是用长8m或9m弓形钢管搭建的拱棚，棚架宽6.25m或6.75m，棚高2.0～2.2m，拱棚顶部和两边中腰部用钢管和钢管卡固定。

2. 河沙做床

旋耕后，按照确定的搭建拱棚南北方向向地里拉运河沙，拉运的河沙量以铺到地面河沙厚度5～6cm为宜，苗床宽随棚宽，长随拱棚长。棚内苗床与苗床之间的沟宽30cm，深10cm，棚与棚之间宽1.5m。河沙粗细均匀，不能有较大的石块，也可采用山上的风积沙。

3. 安装喷水设备

根据拱棚长短和大小，在棚外用50PE管做主管，用25PE管做支管，用毛管和微喷相连接。一种方法是在拱棚内顶部安装喷水设备，每1.5m设置1个倒挂折射雾化微喷；另一种方法是在拱棚地面安装喷水设备，每1.5m设置1个地插式折射雾化微喷。再用25PE管和外部的50PE主管相连接，主管又与水泵、水箱相连接，接通水源和电源。在没有电源的情况下可以安装汽油机带泵喷雾。

4. 覆盖棚膜

棚架搭建后，根据拱棚覆盖宽9m或10m长寿流滴棚膜，东西两边的棚膜随弓形钢管拖到地面，多余棚膜压入土中；南北两边的棚膜比棚长5m，每边多2.5m，一边留做门，一边压入土中。长寿流滴膜同时具有流滴性、耐候性、透光性和保温性好，防雾滴效果可保持2～4个月，耐老化寿命可达12～18个月，是性能较全，使用广泛的农膜品种。长寿流滴棚膜的透光率一般要求在85%以上，也并不是透光率越高越好，透光率高，进入大棚的太阳光能量就多，有利于插穗的生长，但过强的阳光照射会使枸杞嫩枝插穗叶片萎蔫失水，并且会造成棚内升温过快，棚内温度过高，不利于插穗生根。

5. 架设遮阳网

在棚膜覆盖之后，再在棚膜上面覆盖或架设遮阳网，要求透光率在85%左右。有两种方式，一种是直接覆盖在棚膜上，两侧边拉起或撑起，利于通风降温。另一种是用钢架托起，与棚膜保持50cm以上的距离，通风降温效果更好。大棚遮阳网一般采用扁丝遮阳网，这种网一般克重低，遮阳率高。

如何鉴别优质遮阳网：①网面平整、光滑，扁丝与缝隙平行、整齐、均匀，经纬清晰明快。②光洁度好，有质亮感，深沉的黑亮，而不是浮表光亮的感觉。③柔韧适中，有弹性，无生硬感，不粗糙，有平整的空间厚质感。④正规的定尺包装，遮阳率、规格、尺寸标明清楚。⑤无异味、臭味，有的只是塑料淡淡的焦糊味。

（三）嫩枝扦插

1. 育苗时间

一般在5月中下旬至9月中下旬。

2. 扦插品种

选择宁杞4号、宁杞1号或所需要的其他品种。

3. 嫩枝采集

采集插条时，先将目标品种分类，然后剪取所选品种当年生发育充实的多余的半木质化枝条，要求粗度为0.5cm左右，长度为10cm，上端剪平，下端剪成马蹄形，保留中上部3～4片叶，下部叶片从叶柄处剪掉。

4. 苗床消毒

扦插前对温棚河沙土壤高温闷棚4～5天，扦插前3天用0.2%～0.4%的高锰酸钾溶液或600倍多菌灵溶液喷撒苗床进行灭菌消毒。

5. 种条处理

将高纯度吲哚丁酸、1-萘乙酸生根剂各1.5、3g，用酒精溶解后加水10kg，配制成150、300ppm的生根液，或者用ABT生根粉配制成300ppm的生根液，再用滑石粉调成稀糊状，用塑料容器盛放，用稀糊状生根液浸蘸刚刚采集的插条基部2～3cm段，然后扦插，边蘸边插。

6. 扦插方法

按5cm × 10cm或7cm × 15cm的株行距定点，用直径0.5～0.6cm粗的树枝做打孔锥，先打深3～4cm的小孔，也可用打孔器打孔，后将基部浸蘸生根剂的插条插入孔内。注意尽量使叶片正面朝南，插后用手指挤压按实插孔四周，不留漏隙。随后喷水，使插条与河沙密接。

(四)插后管理

扦插后的棚内环境的温度、湿度条件对插穗生根有重要的影响。试验表明，枸杞嫩枝插穗生根的最佳条件是棚内气温30～32℃，沙床温度25～28℃，棚内空气相对湿度92%～95%。扦插后，前7～10天的管理很关键，影响到愈伤组织的形成。棚内的温度、湿度要高一些，而沙床的湿度要低，温度要高。因此，必须有专人负责，定期控制喷雾设备喷水，在晴天阳光太强时，增加遮阳网控制棚内温度。

1. 温湿度控制

土壤温度在15～23℃的范围内新根生长最快，超过26℃时，生长逐渐变慢。

因此要使种条生根，温棚内温度最好保持在25～35℃，此时，沙床温度应为18～25℃，棚内温度最高不能超过40℃，如温度超过40℃时，须喷水降温。并且插穗叶片要始终保持湿润，空气湿度保持在80%～90%。在保持空气湿度的前提下，尽量减少扦插苗床的喷水量和喷水次数。

2. 光照控制

插条生根以接受散射光照为好，强烈的光照使温度过高、蒸发量过大，可导致叶片凋萎。因此，必须保持棚内温度不能超过40℃。为了降低棚内温度，因此前期一定要使用遮光率低于85%的遮阳网遮光。如遇连阴雨天气，可撤掉遮阳网，增加光照，天晴有太阳光时立即重新安装。经过15天左右，新根产生后，可以逐渐加大光照度，23天后逐渐进行通风，30天以后不再遮光。

3. 喷水控制

喷水是保持湿度、温度最关键的管理措施。插穗叶片湿度应保持在60%～70%，苗床湿度在75%～85%。晴天和阴天的水分管理措施要有所区别。①晴天水分管理的原则是“勤喷、少喷”，具体情况依据不同的时间段：7:00～10:00，光照较弱，棚内湿度大，温度低，插穗叶片蒸腾作用较小，每隔1.5～2小时喷1次水，每次30秒；10:00～16:00，棚内温度较高，插穗叶片湿度和蒸腾量亦提高和增大，需要及时降温和补充水分，此时段每1小时喷1次水，每次30秒；16:00～19:00，光照较弱，棚内温度开始下降，每1.5～2小时喷1次水，每次30秒。也可根据苗床的不同湿度适当调整，但在19:00以后不再喷水。②阴天尽量少喷水，以降低苗床的湿度。根据棚内温度变化情况及光照情况而定，1天喷水次数不超过3次，如遇下雨天，1天最多喷水1次。

扦插后的前7天，根据情况每天白天喷水6～8次，每次大约30秒，时间要短，以喷湿地面为宜；10天左右幼根出现时，晴天喷水4～5次，每次大约45秒；20天左右大量根系形成，要开始控水，炼苗，促根，每天早晨喷水1次，每次大约60秒。多云阴天少喷，雨天少喷或不喷。喷水时，尽量使雾滴自然落至插条叶面，喷雾设备的雾化效果要好，雾滴要小。

4. 施肥管理

扦插后第5天开始就可以对插穗施用叶面肥。如微量元素肥料、磷酸二氢钾、氨基酸液肥、尿素等，促进插穗快速生长，叶面肥的使用频率为7天喷施1次。如生根后用0.3%的尿素，或0.2%的磷酸二氢钾，或0.3%稀土微肥作叶面喷肥，有利于种条迅速生长。

5. 消毒灭菌

扦插后棚内高温高湿，极易被霉菌感染，发生病害。因此，扦插当天要用1000倍高锰酸钾溶液进行一次全方位的消毒。在插完后的第3天用600倍的百菌清，或600倍的钾霜灵溶液，或70%的代森锰锌500倍液进行灭菌，以后每过2～3天用以上药剂喷雾防治病害发生。

6. 通风练苗

扦插25天以后，插穗新梢可达到25cm高，此时可通风练苗，晴天可于10:00～17:00打开通风口和棚膜下端通风，其他时间不宜打开风口，以利于保温，随之喷水次数尽量减少，降低苗床湿度促进根系向纵深生长。阴天可在中午温度较高的时间适当打开风口通风，30天后逐步揭开棚膜，后撤走遮阳网。

（五）成苗后期管理

扦插后15天左右，插条基部已生根，梢部也逐渐有新的萌芽发出。一个月后，苗木进入正常生长，这时要减少喷水或不喷水，打开东西两边的门通风炼苗，逐步揭开棚膜，撤走棚架和遮阳网，另行搭建，继续扦插。以后的主要工作是定期灌水，适时追肥，及时防治病虫草害，促进苗木生长，培养健壮苗木，提高苗木等级。

1. 灌水

依据土壤墒情，插条新梢生长高度达到10cm，这时气温高，蒸发量大，水分不足，及时灌水。第一次灌水量不宜过大，沟内见水即可。以后灌水可依据土壤墒情每隔25～30天灌水1次，整个生育期灌水3～4次。

2. 除草

灌水后要及时除草，不能等到草长大了、根扎深了再除就困难了。注意除草时防止碰松插条或带掉幼苗。

3. 施肥

在插穗扦插后就可以追肥，喷施0.5%过磷酸钙和0.1%尿素混合液，可促进根系形成。也可喷施2%～3%硫酸钾、0.03%～0.4%的硼酸、0.1%～0.5%的硫酸锌、0.2%～0.5%硫酸亚铁等，每5天左右喷施1次。苗木长到20cm进入速生期后就可以追肥。前期以氮肥为主，磷钾肥为辅，目的是促进枝叶生长。后期以磷钾肥为主，尽量使苗木生长充实。灌二水时进行第一次追肥，每棚用尿素1kg加复合肥1kg、硫酸钾0.4kg。灌三水时进行第二次追肥，每棚用有机肥2kg加磷酸二铵1kg、尿素1kg。以后每隔30天根据据土壤肥沃程度及苗木长势确定追肥数量和追肥品种。

4. 抹芽定秆

当苗高长到20～30cm时要及时抹除和剪去苗木基部发出的多余侧芽和侧枝，只保留生长势强的1～2个强壮新梢。当苗高长到60cm时及时摘心封顶控制高度生长。

5. 去杂去劣

方法同“枸杞沙藏倒置催根扦插育苗技术”章节的去杂去劣。

6. 病虫害防治

方法同“枸杞沙藏倒置催根扦插育苗技术”章节的病虫害防治。

（六）注意事项

（1）扦插时插条要随剪，随蘸，随插，尽量缩短插条剪取与扦插之间的处理时间。插条尽量短距离运输，运输时必须放在加冰块的保温桶或冷藏车内，以防插条叶片失水萎蔫。

（2）控制温棚温度不能过高，过高抑制生长，晴天中午当棚内温度超过32℃时要再加一层遮阳网并开门通风降温。

（3）控制温棚内湿度在85%～90%，不能太低也不能太高，过低造成叶片萎蔫，过高造成插条烂皮。合适的温湿度能防止保留的叶片凋萎，有利于制造养分，促进生根，提高扦插成活率。

（4）一般情况下应将温棚门封严压实，不要因刮风而吹起，导致棚内温湿度降低，影响苗木成活。

第四节　绿色食品枸杞基地建设

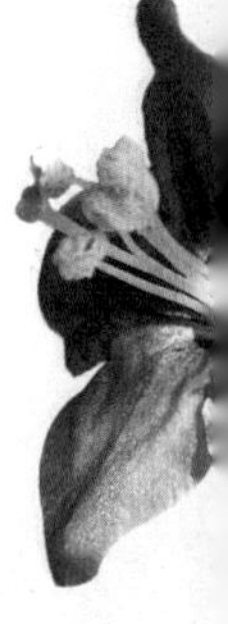

枸杞是多年生的木本植物，经济价值高，适应范围广，寿命长，且具深根性，枸杞定植后，要在十几年的时间里固定在同一地点进行生长发育、开花结果。为了使枸杞在较短的年限内有效益，并长期实现优质稳产，在建立枸杞基地时，要考虑到长期生产管理中存在的问题。因此，发展绿色食品枸杞标准化生产，规划建立绿色食品枸杞基地的工作十分重要。新建茨园，其园地的选择，渠沟道路，林带设置以及栽植技术等方面，都必须严格按照生产AA级绿色食品的土、水、气等环境标准综合考虑，并预先做出便于将来园地管理的规划和要求。

一、基地规划设计

（一）基地测查

建立绿色食品枸杞生产基地，在规划设计前期，首先应进行社会调查与园地勘察。社会调查主要是了解当地经济发展状况、土地资源、劳力资源、产业结构、生产水平与枸杞适生区划等，在气象或农业主管部门查阅当地气象资料、农事资料，采集各方面信息。园地勘察主要是调查掌握规划区的地形、地势、水源、土壤状况和植被分布，以及园地小气候条件等。调查前，需要拟定调查提纲和制备必要的表格，将调查了解的内容详细记载，并于调查后绘制规划区草图，作为初步规划的依据。

基本情况掌握之后，聘请有关专家进行可行性分析论证。在具备发展条件的基础上，确定生产目标、发展规模、技术水平、主要工程建设、品种结构、经营规划及经济效益分析等，形成规划的基本框架。

利用经纬仪或罗盘仪等对规划区进行放线及测量，绘制平面图（根据规划面积大小，用1：5000～1：25 000比例尺），图中标明地界、河流、村庄、道路、建筑物、池塘、耕地、荒地以及植被等，并计算面积。山地果茨规划还应进行等高测量，绘制地形图，为具体规划设计提供依据。

（二）基地规划与设计

绿色果品基地规划是一个生态系统工程，它包括以下五个方面的规划内容：栽植小区规划、道路及附属物建设规划、灌排系统规划、畜禽圈舍建设规划、防护林规划。

1. 栽植小区规划设计

根据茨园面积、地形等情况，将园地划分成若干栽植小区，每个小区为一个基本管理单元。

（1）划分要求　一个作业区内的土壤、气候、光照条件大体一致，便于防止枸杞园土壤的侵蚀，便于防止枸杞的风害；有利于枸杞园中的运输和机械化作业；符合实际，综合安排，其面积、形状和方位应与当地的地形、土壤、气候特点相适应，结合路、沟、渠、林的设计，以便于耕作和经营管理为度。

（2）小区面积 小的茨园，可将全园作为一个小区；大的茨园可划分若干作业区。平地茨园，土壤等条件较一致，相同品种的作业区面积可以相等或相近；山地和丘陵地茨园，作业区的面积可按集流面积、地块大小、排灌系统等条件划分。一般小的茨园和大的茨园作业区面积分别为1000～2000m^{2}和80 000～120 000m^2，几个小区组成一个大区。

（3）小区形状 小区的形状以长方形为宜，可以提高耕作效率。小区的长边应与当地主害风向垂直。平地茨园一般为东西向；在山地丘陵茨园，长边应与等高线平行，并同等高线弯度相适应，不跨越分水岭或沟谷，以减少水土冲刷和有利于耕作。小区长宽之比为（2～5）：1。山地作业区可成梯形或平行四边形，本着适于机耕、排灌及运输和管理的原则。

2. 道路及附属物建设规划设计

（1）道路系统 道路规划要有利于机械化作业，有利于果品的快速流通，果园道路系统应与作业区配套规划。将基地分为多个小区，小区面积以100亩以上为好，小区内应设置干路、支路和小路。干路应与附近公路相接，园内与办公区、生活区、储藏转运场所相连，并尽可能贯通全园。能保证车辆畅通，在大路的适当地段设一圆盘环形路，以便车辆“掉头”。干路路面宽6～8m，能保证汽车或大型拖拉机对开。顺公路两侧的果园可以不设大路。支路连接干路和小路，贯穿于各小区之间，路面宽4～5m，便于耕作机具或机动车通行。小路是小区内为了便于管理而设置的作业道路，小路要求能过小型拖拉机，路面宽1～3m，也可根据需要临时设置。

山地或丘陵地果园应顺山坡修盘山路或“之”字形干路，其上升坡度不能超过7°，转弯半径不能小于10m。支路应连通各等高台田，并选在小区边缘和山坡两侧沟旁。山地茨园的小路须与等高线平行，地块较小的山地、丘陵地茨园，可利用背沟或梯田埂作人行道，不专设小路。山地茨园的道路，不能设在集水沟附近。应在路的内侧修排水沟，并使路面稍向内倾斜，保障行车安全，减少冲刷，保护路面。

（2）附属物　茨园附属物是指辅助枸杞生产的有关设施。包括管理用房、枸杞存放库、机车库、农具库、农药库、烘干房、晒场、机井房、配药池、积肥场等。这些设施在大型枸杞园中是不可缺少的，而一般面积较小的茨园，当然不必要设置过多的建筑物。但随着产业化的发展，按枸杞生产系列化的要求，一些必不可少的辅助建筑也应进行安排。平地茨园的枸杞烘干房和储存库应设在交通方便之处，尽可能设在茨园中心，山地茨园的烘干房、储存库应设在较低处。配药池可与园内机井相结合，每100～200亩一个点。烘干房的规模，可根据茨园面积和产量的多少，以及日采收、外运处理量确定。分级包装场必须保证车辆进出和装载方便。

（3）灌溉、排水系统规划设计　在基地建设规划中，要充分考虑到基地的排灌条件、水源状况及水利配套设施建设，最终达到灌水及时，排灌便利，沟渠分布科学合理，斗渠、支渠、毛渠配套健全，尽量节约水利资源的目的。无灌溉条件的地方尽量不要大面积建设绿色食品枸杞基地。

平地枸杞园的排水方式主要以明沟排水为主。排水系统主要由园外或贯穿园内的排水干沟、区间的排水支沟和小区内的排水沟组成。各级排水沟相互连接，干沟的末端有出水口，便于将水顺利排出园外。小区内的排水沟一般深50～80cm；排水支沟深100cm左右；排水干沟深120～150cm为宜，使地下水位降到120cm以下。盐碱地枸杞园，为防止土壤返盐，各级排水沟应适当加深。

山地枸杞园主要考虑排除山洪危害。其排水系统包括拦洪沟、排水沟和背沟等。拦洪沟是建立在枸杞园上方的一条沿等高线较深的沟，作用是将上部山坡的洪水拦截并导入排水沟或蓄水池中，保护枸杞园免遭冲毁。拦洪沟的规格应根据上部面积与当地雨量大小而定，一般宽度、深度保持1～1.5m，比降0.3%～0.5%，并在适当位置修建蓄水池，使排水与蓄水结合进行。山地枸杞园的排水沟应设置在集水线上，方向与等高线相交，汇集梯田背沟排出的水而排出园外。排水沟宽50～80cm，深80～100cm。在梯田内修筑背沟（也称集水沟），沟宽30～40cm，深20～30cm，保持0.3%～0.5%的比降，使梯田表面的水流入背沟，再通过背沟导入排水沟或蓄水池中。

（4）基地防护林建设

①防护林的作用：基地内营造防护林可以降低风速，保护枸杞不受大风袭击，避免折枝、吹落花果叶片，防风固沙，降低水位，调节气候，增加湿度，减轻干旱和冻害，有利于传粉昆虫的活动，为枸杞生长结果创造良好的生态环境。

②防护林树种的选择：防护林树种的要求是速生、高大、发芽早、枝叶繁茂，防风效果好；适应性强，与枸杞无共同的病虫害；根蘖少，不串根，与枸杞争夺养分的矛盾小；具有一定的经济价值；常绿树还能美化环境。总之，要就地取材，增

加收益，达到以园养园的目的。可选用的防护林树种：乔木如杨、柳、椿、山楂、枣、白蜡等；灌木有紫穗槐、柽柳等。

③防护林的类型与效应：根据林带的结构和防风效应可分为三种类型。一是紧密型林带，由乔木、亚乔木和灌木组成，林带上下密闭，透风能力差，风速每秒3～4m的气流很少透过，透风系数小于0.3。在迎风面形成高气压，迫使气流上升，跨过林带的上部后，迅速下降恢复原来的速度，因而防护距离较短，但在防护范围内的效果较大。在林缘附近易形成高大的雪堆或沙堆。二是稀疏型林带，由乔木和灌木组成，林带松散稀疏，风速每秒3～4m的气流可以部分通过林带，方向不改变，透风系数为0.3～0.5。背风面风速最小区出现在林高的3～5倍处。三是透风型林带，一般由乔木构成，林带下部高1.5～2m处有很大空隙透风，透风系数为0.5～0.7。背风面最小风速区为林高的5～10倍处。

一般认为枸杞园的防护林以营造稀疏型或透风型为好。在平地防护林可使树高20～25倍的距离内的风速降低一半。在山谷、坡地上部设紧密型林带，而坡地上部设透风或稀疏林带，可及时排除冷空气，防止霜冻危害。

④防护林的营造：山地枸杞园营造防护林除防风外，还有防止水土流失的作用。一般由5～8行组成，风大地区可增至10行，最好以乔木与灌木混交。主林带间距300～400m，带内株距1～1.5m，行距2～2.5m。为了避免坡地冷空气聚集，林带应留缺口，使冷空气能够下流。林带应与道路结合，并尽量利用分水岭和沟边营造。枸杞园背风时，防护林设于分水岭；迎风时，设于枸杞园下部；如果风来自枸杞园两

侧，可在自然沟两岸营造。

平地、沙滩地枸杞，应营造防风固沙林。一般在枸杞园四周栽2～4行高大乔木，迎风面设置一条较宽的主林带，方向与主风向垂直。通常由5～7行树组成。主林带间距300～400m。为了增强林带的防风效果，与主林带垂直营造副林带，由2～5行树组成，带距300～600m。

枸杞园防护林可分为主林带、副林带和临时折风林带。当有地区性主干林带的情况下，枸杞园防护林的行数与宽度可适当减少；在风沙大或风口处林带的宽度和行数应适当增加。主林带由5～7行组成，宽10～14m，其走向与当地主害风方向或常年大风方向垂直。主林带间距为300～400m，副林带与主林带相垂直，带间距为500～800m，风沙大的地方可减缩为300～500m。副林带由3～4行组成，宽度为6～8m。村庄附近的小面积枸杞园，可以不设防护林或四周设防护林。

在枸杞园设计中，为经济利用土地，须将作业区、道路系统、排灌系统、防护林、建筑物等综合规划，全面安排。习惯上运用“两林夹一路”的方式，如改为“两路夹一林”时，就可以减少道路用地面积，加大林带和枸杞树间的距离，减少林带对枸杞的遮阴面积，对枸杞生长结果十分有利。

（三）绿色食品枸杞基地具体规划布局要求

枸杞基地的规划要根据当地生产规模统一安排。为了便于枸杞的营销、灌溉、运输、施肥、喷药、耕作、采摘、机械化作业等管理工作，要集中连片，呈规模建园，在建园之前，对整个园地进行周密的规划设计。园地设计不宜过于零散，否则给管理带来很多麻烦。园地规划是一个十分重要的工作，茨园的规划应考虑以下几个方面。

1. 沟渠路的设置

枸杞在整个生长季节要经常灌水，但园地又不能积水，又要施肥喷药，所以园地应设置长久性的沟渠路。

大面积的枸杞园，根据园地大小及地形特点，在建园时先规划出排灌系统，主要是支渠、支沟和农渠、农沟。支渠和支沟的位置应分设在地条的两端。两条地之间设一灌水农渠，隔一条地设一排水农沟，实行双灌双排。农沟应同支沟连通，保证排水畅通。

道路设置可同渠沟埂结合进行，在排水沟两侧埂上留3～4m宽的路为生产作业道，设置农机具和车辆的通道。地条两头还需留出车道，以便车辆掉头回转。

枸杞园地条一般的宽度为45～50m，长度为400～500m。

2. 园地小区的划分和平整

栽植枸杞的小区，田块面积可依据地形决定，为了便于操作，以667～1000m^2划分1小区为好，大地条中间顺长度方向的埂要求宽在1.2m以上，兼做喷药机具运行的道路。各小区灌水可从农渠直接开口，不行串灌。每小区地面高差不要超过3cm，以使灌水层均匀，减轻土壤局部返盐，并可避免土壤积水，不使枸杞根部受浸引起根腐病而死亡，所以划分小区时，务必使小区平整（图3-3）。

图3-3 枸杞基地效果图

定植园地在前一年秋季，要深翻耙耱，施好基肥，灌好冬水，有助于新植枸杞的生长。

3. 防护林带的设置

风对枸杞生产的为害是不可忽视的，特别是新植区，4月上旬枸杞萌芽放叶前，正值大风季节，加速了枸杞枝干的水分散失，从而加重了枸杞的风干程度。4月中旬枸杞发芽后，特别是在5月，当年生结果枝生长期和老眼枝现蕾期，都会因风害而干枯，严重影响当年枸杞的产量。防护林带能防风固沙和改善茨园环境条件，所以在风沙频繁地区应设置防护林带。

为了合理用地，在园地规划时，防护林带的设置应同园地的渠、沟、路结合起来统筹安排，使之更经济、更适用和合理。林带的具体设置：①带向：主林带与主害风方向垂直，若不垂直时偏角不超过45°。②林带间距和宽度：主林带间距可隔4～6条地沿干沟渠埂或干路设置（一般200～300m），每条林带植树2～4行，行距2～3m，株距2m。副林带与主林带垂直，随沟、渠、路配置，每条副林带植树1～2行，株距同主林带。③树种选择与搭配：应充分考虑到地理条件，选用适应性强、生长快、干高、直立、枝叶繁茂、抗风力强，与枸杞无共同病虫害及自身病虫害少，并且寿命长的树种。建立由乔灌木混交的疏透林带，乔木树种有水曲柳、白蜡、臭椿、毛白杨、新疆杨等，灌木树种有紫穗槐、毛条等。

二、枸杞栽植

（一）种苗选择

枸杞品种多且杂、果粒大小相差悬殊、产量质量有天壤之别，从效益上讲各品种也无法相比。所以应选择宁杞1号、宁杞4号、宁杞5号、宁杞7号等优良品种的无性繁殖大规格苗木，选主、侧根发达，根系完整，地径在0.8cm以上，主枝开张角度大，有3～5条侧枝，7～10条次生侧枝的壮苗，这样在管理好的情况下当年可获得30kg以上的产量。

（二）园地土壤改良

绿色食品枸杞基地多建立在肥力较高的平地或生态条件好的山荒地。但有些地区土壤黏性大、透气性差，须深翻熟化，有的地区土壤多砂、土层薄，须培土提高保肥效果。黏土地区可掺沙增强透气性，为枸杞提供良好的土壤环境。

1. 深翻熟化

对土壤深翻30～60cm，常施入有机物进行土壤改良，可改善土壤结构和理化性质，提高土壤肥力，加深耕作层，利于根系生长。

（1）时间　建园栽植前进行，一般在秋季，已建果园，一般在萌芽前或落叶后结合施用有机肥，此时伤根易恢复，断根易愈合，也可长出新根，肥料分解吸收时间长，有助于树体养分的积累，开花结果打下良好基础。

（2）深翻深度　以枸杞的根系分布层稍深为宜，一般40～60cm。

（3）方式　全园深翻。

（4）方法　栽植前可以全园深翻，结合施入秸秆杂草和山青，有机物必须与土混合施入，不能形成单独的秸秆层，否则不易腐烂，还会妨碍根系生长。翻园时要少伤根系，不伤直径大于0.5cm的粗根，如伤大根，将伤口剪平滑，促进愈合，尽量随翻随填，避免暴露在阳光下时间过长，以免失水死亡，翻填后充分灌水，促使根系与土壤密接，以加速根系恢复生长和有机质分解，尽快发挥深翻作用。

2. 客土改良

客土改良是指运入与园地质地不同的土壤，可以增厚土层，保护根系，增加营养，改良土壤结构。

培土一般在晚秋初冬进行，土质黏的应培含砂质较多的疏松肥土，增强透气性；含砂质较多的培塘泥地块或黄土等比较黏重的肥土，增强保黏保肥性。方法是把不同原地上的土壤分布全园，通过耕作，把所培土与原土逐渐混合。厚度一般为5～10cm，过浅作用不大，过深不利于根系生长。

3. 应用土壤结构改良剂

土壤结构改良剂分有机、无机、有机无机混合三种，有机土壤改良剂是从泥炭、褐煤中提取的高分子化合物；无机土壤结构改良剂有硅酸钠和沸石等；有机-无机土壤结构改良剂有二氧化硅有机化合物等。

在生产上广泛应用二基丙烯磷胺，溶于80℃以上的热水，先把干粉制成2%的溶液，即每亩用8kg配成400kg溶液，再稀释至3000kg水中，泼浇至5cm深土层，效果可达3年。

（三）栽植时间

枸杞栽植时间为春、夏、秋三季。春季定植占绝大多数。春栽在3月中下旬至4月上旬进行。这时土壤解冻，枸杞尚未萌动或正在萌芽。栽植成活率高，田间管理比较方便。如果秋季田间整理的比较好，又没有鼠、兔、畜为害，也可以在灌冬水前栽植，栽后灌水，有利于根系和土壤紧实，与春栽比较能够提早生育期，一般在10月20日至11月5日。夏季定植是在6月中旬用营养袋苗栽植。栽植成活率高、成活苗期短，当年可产少量秋果。

（四）栽植规格及密度

1. 密度

构成枸杞产量的四要素是单位面积栽植株数、每株结果枝条数、每个结果枝条的成熟果粒数和单果重。在品种确定的前提下，株数是一个很关键的因素，它最终制约着产量的高低，尤其对前期产量甚为明显，要想早期获得高产，合理密植相当重要。可供选择的定植密度有220株/亩（1.5m×2.0m或1m×3m）、370株/亩（0.6m×3.0m）、330株/亩（1m×2m）。

2. 影响因素

（1）不同栽植密度对产量的影响　枸杞栽后1～3年，树体小，单株产量低，适当增加单位面积上的株数，可迅速提高单产，高密度单产比对照年均增产199.03%，其次是中密度。栽后3～4年进入幼龄后期，冠径达1.2m，树高1.6m左右，这时高密度区树冠相接，茨园郁闭，光照差，单产上升缓慢，而中密度则比对照年均增产154.44%。第五年低密度区产量最高，比对照增产162.29%。栽后第七年，冠径达1.4m，树高1.5m以上，基本定型，这时产量低密度最高，比对照增产103.02%，中密度比对照增产90.33%。但1～7年的平均产量还是中密度最高，比对照增产115.19%，低密度则比对照增产112.61%。由于低密度的株行距大，进入成龄阶段（第6年开始）

树冠不满行，年产量继续上升幅度较大。

（2）树冠、叶面积、结果枝数及光照对产量的影响　在一定范围内，树冠面积、叶面积系数和结果枝条数增加时，产量相应提高，超过这个范围时，随着树冠面积增大，结果枝条数增多，叶面积系数也增大，各枝条相互拥挤和穿插，光照恶化，产量反而降低。据调查，采用混杂老品种的实生苗，在栽植第七年高、中、低密度和对照区的树冠交接率分别为23.33%、8.84%、1.20%和0%。这时高密度区树冠总面积已达2440平方米/亩（为土地面积的3.66倍），结果枝数300 457平方米/亩，相对光照只有20.61%，产量反而不如低密度的树冠面积为1215平方米/亩，结果枝数194 230平方米/亩的高，在这时低密度区相对光照为45.29%，叶果比值小。高密度区树冠下部枝条每厘米长只有0.524个花果，不结果枝高达12%，而中、低密度及对照区的下部枝条每厘米分别有0.938、1.710、1.714个花果，不结果枝分别为7%、1%和0%。

（五）栽植技术

1. 大穴培肥

施足基肥，为苗木生长发育创造良好的肥力条件。大穴培肥最好是在定植前的秋季完成，以便所施肥料充分腐熟，培肥穴一般不小于50cm见方，每穴施优质有机肥3～5kg、磷酸二铵250g与表土混匀同填，灌冬水沉实，翌春定植。也可在春季进行，但所用有机肥必须经充分腐熟，以免烧根。在栽植密度高的茨园也可全面施肥，60 000～75 000kg/hm^{2}为宜。

2. 地膜覆盖技术

在已培肥的地上，顺行居中铺幅宽1m的地膜，再在地膜上按原穴位置或株距挖定植穴植苗，定植穴的大小视苗木根系大小而定，一般为20～30cm见方。由于覆盖地膜后保持和提高了土壤温度，非常有利于枸杞苗成活、生长、发育，为当年结果打下良好基础。据调查，立地条件相同，管理水平、苗质量一致的情况下，采用地膜覆盖的比不覆膜的树冠大35%，产量高23%。

3. 设立支柱

设立支柱是促进幼树树冠发育的重要措施。定植后，为每株幼树设立一粗3cm，地上高1.5m左右的木棍做支柱（竹竿可细些），将选定的领导干，用布条等绑扎物，绑缚在支柱上，以增强领导干的负载力，在肥水条件好的情况下，通过生长季节对选定的主干连续短截，并引缚向上，2年即可达到1.6m的树高，基本形成树冠，比传统的整形方法较自然成形至少缩短2～3年，从而为早果丰产创造了条件。

4. 合理密植

为提高茨园的早期产量，可采用计划性密植。即在设计的株间加栽一株作为临时性植株，并采用相同管理措施。当株间郁闭时，挖去临时株，用于大苗建园。这样一是增加了前期收入，二是提高了新建园的建园质量，实现早果丰产。

第五节　枸杞园的土壤综合管理技术

一、枸杞园间（套）种

1. 间（套）种年限

枸杞树定植后的1～3年树冠小，空间大，可以间种一些矮秆经济作物或绿肥，增加经济收入，改良土壤，培肥地力。一般间种1～3年，枸杞进入盛果期，再不行间种。

2. 间（套）种面积

间种以不影响枸杞生长为原则，间种面积随树冠的增大而减少。第一年间种面积60%～70%，第二年30%～50%，第三年10%～20%。间种作物应距树冠40～50cm，不影响树冠发育为目的。结合间种作物的管理，加强枸杞松土、除草、施肥等工作。

3. 间（套）种作物

豆类，如大豆、扁豆、蚕豆；矮秆蔬菜，如大蒜、洋葱、大葱，瓜类均可，以豆类最好。

二、幼树培土

枸杞扦插苗根系浅，幼树在良好的肥水条件下生长快，发枝旺盛，树冠扩大迅速，结果量增加。因此，一定要注意基部培土和绑缚支撑物，保证树体端直生长，有利于树冠的培养，提高单产，增加经济效益。

三、土壤耕作

科学合理的土壤耕作不仅是为了松土灭草，也是防治病虫害的重要农业措施之一。

1. 春季浅耕

早春的土壤浅耕可以起到疏松土壤，提高地温，活化土壤养分，蓄水保墒，清除杂草，杀灭土内越冬害虫虫蛹、虫茧、虫卵。一般在3月下旬至4月上旬土壤解冻后进行，浅耕深度10～15cm，树冠下浅，行间深。据观测浅耕的土层比不浅耕的土层温度提高2～2.5℃，新根萌发提早2～3天，萌芽提早2～3天，果实提早成熟2～3天，提前采收3～5天。

2. 中耕除草

在枸杞生长季节的5～8月进行，主要作用是保持土壤疏松通气，清除杂草，防止园地草荒，减少土壤水分和养分无效消耗，夏季蒸发量大，灌水后中耕可减少水分蒸发和土壤返盐。一般全年中耕3～4次，中耕深度8～12cm，树冠下浅，行间深，中耕时间大约为5月上旬、6月上旬、7月中旬、8月中旬。

3. 翻晒园地

枸杞园地经过近半年的生产管理和采果期间的人为践踏，致使活土层僵实，及时翻晒园地可疏松土壤，促进根系和地上部分的秋季生长，也可结合秋施麦草等有机物培肥地力，另外通过深翻可有效地增加冬灌蓄水量，保证植株安全越冬。一般深翻15～20cm，但在根盘内适当浅翻，以免伤根，引起根腐病的发生。

四、土壤培肥

土壤是枸杞生长发育的载体，土壤的有效土层（耕作层）是供应枸杞生长发育所需营养物质的主要源泉，在枸杞年生育期内不误农时地进行合理的土壤耕作，可促使活土层疏松通气，改善土壤团粒结构，促进土壤微生物繁衍活动，活化土壤养分，提高土壤肥力，营造适宜于根系繁衍生育的良好土壤环境，加上通过土壤耕作可以翻入杂草，施入各种有机肥，达到培肥地力的目的。

第六节　枸杞园水分综合管理技术

一、枸杞生长与水分的关系

枸杞树的正常生长发育离不开水，但水分供应要适度，从根系生长的角度来说，土壤含水量为土壤最大持水量的60%～70%时最好，树体生长最旺盛。枸杞对水的需求主要表现在叶幕蒸腾上。“蒸腾”就是在有光照的条件下，水分从根系吸收上来，运输到枝叶中，又通过枝叶的气孔把水分散发到空气中。蒸腾强度与光照强度关系极大，光照强，蒸腾强度大；光照弱，蒸腾强度小，黑夜几乎不存在蒸腾作用。对于一株树来讲，在一定时间内蒸腾水分多少，与叶面积大小有关，树体大，密度高，总叶面积大，蒸腾量也大。蒸腾作用是枸杞生长过程中所必需的，人工不能控制的，因而蒸发失水又叫枸杞的“有效失水”，不能因为干旱使蒸腾作用降低，从而影响枸杞的生长发育。当土壤持水量达到60%时，再增加土壤水分，并不能使枸杞的蒸腾能力提高，也就是灌水多了反而会给枸杞造成伤害。

二、枸杞树年周期需水的一般规律

1. 春季需水

枸杞树有了明显的叶面积之后，才开始有了蒸腾失水。而在此之前，枸杞园土壤水分的减少，主要是地面蒸发，由于上年入冬灌足冬水，早春4月，土壤持水量提供给枸杞根系生长的水分是完全可以满足的，4月初枸杞春梢还没有形成，老眼枝叶片总面积仅占7月总面积的10%～20%，另外4月气温低，叶面积蒸腾强度和土壤蒸发强度都比较小，一般不需要灌水。以浅翻保墒为主，疏松土壤，提高地温，加速养分分解，打破土壤毛细管，减少地面蒸发，对枸杞生长有利无害。

据测定，越冬期土壤有效氮19ppm，5月中旬达到50ppm，这主要是土壤微生物随温度升高而活动增强，把土壤有机质中原来不溶于水的氮分解后，形成了可溶性的氮，使有效氮水平提高。这种自然的提高对枸杞前期生长非常有利，其他养分也有这种趋势。如果春天进行大水漫灌，降低地温，抑制微生物对养分的分解，而且把微生物活化的有效养分随水冲入地下，使枸杞无法吸收。所以，春季枸杞园的水分管理不兼顾施肥，最好放在5月上旬，切忌灌水量太大。

2. 夏秋季需水

从5月中旬以后，春梢生长进入旺盛生长期，叶面积逐渐增大，蒸腾作用逐渐增强，加上温度升高，土壤蒸发加剧，枸杞园需水量迅速增加，枸杞对水分的需求十分迫切，另一方面此时气温升高，干旱少雨，空气相对湿度小，这种趋势在枸杞产区的北方，将一直持续到10月中旬。中宁地区平均年降水量在229mm，枸杞生育期降水一般平均为150～160mm，而且大多都集中在7月中旬至8月。据试验证实，降水量达到200mm时，被土壤可利用的有效水只有100mm，相当于50cm深土层田间持水量从60%增加到90%的正常灌水1次。要保证枸杞的正常“有效失水”和果实正常成熟，只有靠灌水来解决。

三、枸杞园水分管理

枸杞园的需水情况随着树龄的大小、栽植密度高低、叶面积大小、温度高低、土壤质地、不同生育期、地下水位的高低、降雨量、土壤肥力情况而不同。因此水分管理要根据枸杞各发育期的需水特性，调整好茨园的水、气、热条件，应做到浅灌、勤灌、适时灌水。一般全年度灌水6～8次，灌水量200～600m^3。

（一）灌水时间

1. 采果前的生长结实期灌水

4月中下旬至6月中旬约50天，是枸杞新梢生长，老眼枝开花结实盛期，应合理灌水，一般4月下旬、5月初灌头水，灌水量70～75m^3，以地表均匀见水为宜，以促进新梢生长和开花结实，防止灌水过深，造成肥水流失，地温降低时间过长。以后根据土壤肥力情况、气温高低、降水等灌水1～2次。

2. 采果期灌水

6月中旬至7月中旬，这期间气温高，蒸发量大，叶面蒸发强烈，果实成熟带走水分，干热风频繁，湿度降低，果实膨大速度加快，生理需水迫切，一般每采1～2次果实，根据实际情况灌水1次。此期灌水最好早晚进行，高温干热风天气，应及时灌水降温，调节枸杞园小气候温湿度，以防高温促熟，落花落果现象发生，影响粒重和产量，一般灌水控制在2～3次，灌水量每次控制在50m^3左右。

3. 秋季生长期灌水

8月上旬至11月中旬，秋梢生长，秋果发育、膨大、成熟期，8月上旬结合施肥灌好伏泡水，促进秋季枝条萌芽，秋梢生长，秋果发育，9月上旬灌好白露水，这是生长期最后一次灌水，洗盐压碱、溶肥，保证秋果顺利生产，11月上旬结合秋施肥灌好冬水。一般除头水、冬水外，生长季节中的各次灌水以浅灌为好，不能大水漫灌，否则会提高地下水位，养分流失，长期积水，不利枸杞生长，甚至窒息死亡。

（二）灌水量

根据各地情况不同，灌水方式不同，大水漫灌灌水次数控制在5～8次，灌水量控制在500～600m^3。头水、冬水量可大，一般每次灌水75立方米/亩，生育期灌水50

立方米/亩，根系分布层土壤含水量达到15% ～18%即可，直观感觉，手捏成团，挤压不易碎裂。切忌茨园经常大水漫灌，以免引起低洼处积水，造成土壤盐渍化，不利于枸杞生长。另外，沟灌、滴灌、块根灌等方式，由于灌水量不同，根据土壤持水情况，可调节灌水次数。

（三）灌水方法

水源充足的地方多采用全园灌溉，在缺水地区可进行沟灌、滴灌、块根灌。在高温期可结合叶面追肥进行树冠喷雾补给水分。坚决杜绝枸杞园灌水太勤，大水漫灌造成土壤板结，养分流失的现象发生，所以要实现枸杞的优质高产，必须克服过去枸杞园大水漫灌的水分管理陋习。

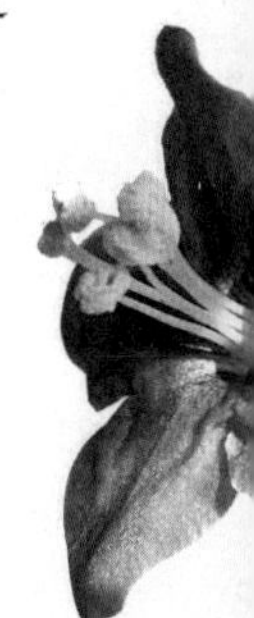

第七节　枸杞园综合施肥技术

一、枸杞的营养调控

（一）枸杞的营养元素需求种类

目前国内外公认的高等植物所必需的营养元素有16种。它们是碳、氢、氧、氮、磷、钾、钙、镁、硫、铁、硼、锰、铜、锌、钼、氯（表3–2）。

表3-2　枸杞生长需求营养元素种类表

营养元素	植物利用形态	在干组织中的含量	营养元素	植物可利用形态	在干组织中的含量
C	CO_2	45	Cl	Cl^-	0.01
O	O_2，H_2O	45	Fe	Fe^{3+}，Fe^{2+}	0.01
H	H_2O	6	Mn	Mn^{2+}	0.005
N	NO_3^-，NH_4^+	1.5	B	H_2BO^{3-}，$B_4O_7^{2-}$	0.002
K	K^+	1.0	Zn	Zn^{2+}	0.002
Ca	Ca^{2+}	0.5	Cu	Cu^{2+}，Cu^+	0.0006
Mg	Mg^{2+}	0.2	Mo	MoO_4^{2-}	0.000 01
P	$H_2PO_4^-$，HPO_4^{2-}	0.2	Li	Li^+	0.0002
S	SO_4^{2-}	0.1	Se	Se^{2+}	0.0001
			ge	ge^{2+}	0.0001

（二）植物必需营养元素的一般功能

1. 第一类：C、H、O、N、S的功能

（1）组成有机体的结构物质和生活物质。

（2）组成酶促反应的原子基团。

2. 第二类：P、B的功能

（1）形成连接大分子的酯键。

（2）储存及转换能量。

3. 第三类：K、Mg、Ca、Mn、Cl的功能

（1）维护细胞内的有序性，如渗透调节、电性平衡等。

（2）活化酶类。

（3）稳定细胞壁和生物膜构型。

4. 第四类：Fe、Cu、Zn、Mo、Ni

（1）组成酶辅基。

（2）组成电子转移系统。

（三）主要矿质营养元素的生理功能

1. N（氮）

蛋白质的组分，核酸和核蛋白的组分，叶绿素的组分，酶的组分，维生素、生物碱的组分，植物激素及其次生代谢物质的组分。

（1）吸收形态　无机态氮（铵态氮和硝态氮）、有机态氮（尿素）。

（2）主要功能　生命元素，如①蛋白质、核酸、磷脂的主要成分；②酶和许多辅酶、辅基的构成成分；③植物激素、维生素等的基础成分；④叶绿素的成分，与光合作用密切相关。

（3）氮素不平衡　①过多：叶片大而深绿，柔软披散，徒长，枝条长，节间长，空枝率高，含糖量相对不足，易倒伏和病虫害侵染。②缺氮：植株矮小，分枝分蘖少，枝条短，叶片小而薄，枝叶变黄早衰，由下部叶片逐渐向上发展。花果多、果实瘦小，产量低，品质差。

2. P（磷）

大分子结构物质的桥键物，多种重要化合物的组分，如核酸、磷脂、核苷酸、三磷酸腺苷等，参与植物体内碳、氮、脂肪代谢，提高植物抗逆性。

（1）吸收形态　pH值＜7时，$H_2PO_4^-$为主，pH值＞7时，HPO_4^{2-}为主；生命活动最旺盛的分生组织中含量高（根茎生长点多、嫩叶比老叶多、果实和种子也较多）。

（2）主要功能　①核酸、核蛋白、磷脂的主要成分；②许多辅酶的成分，参与光合、呼吸等过程；③能量的必须物质；④参与碳水化合物的代谢和运输、氮代谢、脂肪转化、磷酸化、氨基酸转化等。

（3）磷素不平衡　①过多：叶片灰绿，出现小焦斑（磷酸钙沉淀），阻碍硅的吸收、降低锌的有效性，故磷过多易引起缺锌病；②缺磷：分蘖分枝减少，幼芽幼叶生长停滞，矮小，花果易脱落，成熟延迟；缺磷导致蛋白质合成减少、糖的运输受阻，导致营养器官中糖的含量相对提高，有利于花青素的形成，故缺磷时叶子呈现不正常的暗绿色或者紫红色；老叶首先出现缺磷症状。

3. K（钾）

促进光合作用，提高CO_2同化率，促进光合产物运输，促进蛋白质的合成，参与细胞渗透调节作用，调控气孔开闭，激活酶的活性，促进有机酸代谢，增强植物的抗逆性。

（1）吸收形态　在土壤中以KCl、K_2SO_4等盐类形式存在，在水中解离成K^+而被根系吸收；集中在生命活动最旺盛的部位，如生长点、幼叶。

（2）主要功能　①60多种酶的活化剂；②促进蛋白质的合成，钾与蛋白质在植物体内的分布保持一致；③与糖类的合成有关，也能促进糖类的运输；④构成细胞渗透势的重要成分（对气孔开放有直接作用），离子态钾对原生质胶体有膨胀的作用，故钾对植株抗性有很好的作用。

（3）钾素不平衡　由于枸杞生产施肥多以有机肥、尿素、磷酸二铵为主，施钾肥很少，加上枸杞需钾量高，到现在为止，还没有出现钾丰现象。缺钾：茎秆软弱易倒伏，抗性低，叶色变黄，叶缘焦枯生长缓慢，由于叶片中部仍生长较快，所以整个叶子出呈现杯状弯曲或者发生皱缩，首先出现在老叶上。

4. Ca（钙）

稳定细胞膜、细胞壁，促进细胞伸长、根系伸长，参与第二信息传递，调节渗透压，具有酶促反应。

（1）吸收形态　从土壤中吸收$CaCl_2$、$CaSO_4$等盐类中的钙离子，离子状态、难溶的盐（如草酸钙）或者与有机物（如植酸、果胶酸、蛋白质）相结合。

（2）主要功能　①细胞壁胞间层中果胶酸钙的成分，稳定膜结构；②增强植株的抗病性（钙促进愈伤组织的形成、消除草酸毒害、酶的活化剂）；③钙调素：信使。

（3）钙素不平衡　我国北方土壤多属灰钙土、淡灰钙土，土壤不缺钙，但都是难溶性钙，不易被枸杞根系吸收利用，往往出现缺钙现象。缺钙：顶芽幼叶淡绿色，叶尖钩状坏死；难移动，首先出现在上班幼茎幼叶。

5. Mg（镁）

合成叶绿素，促进光合作用，参与蛋白质合成，活化和调节酶促反应。

（1）吸收形态　根系吸收离子态Mg^{2+}，在植物体内以离子形态存在或者形成有机化合物。

（2）主要功能　①叶绿素的成分，对光合作用很重要；②碳水化合物的转化、降解以及氮代谢有关；③核糖核酸聚合酶的活化剂，在核酸和蛋白质合成中有很重要的作用。

（3）缺镁　叶片淡绿，下部叶片开始出现症状，叶肉变黄而叶脉仍为绿色，严重缺镁时叶片早衰脱落。

6. S（硫）

参与蛋白质合成，传递电子。

（1）吸收形态　以SO_4^{2-}形式被植物吸收，部分保持不变，部分还原成S同化成含硫氨基酸。

（2）主要功能　①原生质的组成成分；②辅酶A，维生素B、E等的成分；③硫氧环蛋白、铁硫蛋白、固氮酶等的组分，并对光合、固氮有用。

（3）缺硫　幼叶首先出现缺绿症状，均衡失绿、黄白色易脱落。

7. Fe（铁）

参与叶绿素合成，参与体内氧化还原反应和电子传递，参与植物呼吸作用。

（1）吸收形态　以Fe^{2+}的螯合物被吸收，进入植物体内就被固定不易移动。

（2）主要功能　①许多酶的辅基，细胞色素、过氧化物酶等；②光合作用的重要参与者，光合链中的铁硫蛋白、铁氧还蛋白、呼吸电子传递；③叶绿素合成的必需营养物质，催化叶绿素合成的酶中有三个活性表达需要铁离子参与；④对叶绿体构造的影响大；⑤豆科植物根瘤菌中的血红蛋白也含铁蛋白，因而它还和固氮有关。

（3）缺铁 幼叶幼芽缺绿发黄，甚至变成黄白色，而下部叶片仍为绿色，一般不缺铁，但是碱性土或者石灰质土壤中易缺铁。

8. B（硼）

促进碳水化合物运输和代谢，参与纤维和有关细胞壁的合成，促进细胞伸长和细胞分裂，促进生殖器官的健成和发育，调节酸的代谢和木质化作用，提高豆科作物根瘤菌的固氮作用。

（1）吸收形态 以硼酸的形式被吸收，花中硼含量最高，花中又以柱头和子房最高。

（2）主要功能 ①硼与花粉形成、花粉管萌发和受精有密切关系；②参与糖的运转和代谢；③促进植物根系发育，尤其是豆科植物根瘤的形成（缺硼影响碳水化合物）；④对蛋白质的合成有一定影响。

（3）缺硼 繁殖器官畸形，如柱头畸形、花粉粒失活。受精不良，籽粒减少（华而不实、蕾而不花），根尖茎尖生长点停止生长，侧根侧芽大量发生，簇生状。缺硼常见病症：甜菜干腐病、花椰菜褐腐病、苹果缩果病、马铃薯卷叶病、枸杞花器畸形等。

9. Mn（锰）

参与光合作用，多种酶的活化剂，促进种子萌发和幼苗生长。

（1）吸收形态 以锰离子的形式被吸收。

（2）主要功能 ①光合放氧复合体的主要成员；②形成叶绿素和维持叶绿素正

常结构的必需元素；③许多酶的活化剂（呼吸、光合过程中的酶居多），因此与光合和呼吸作用都有关系；④硝酸还原的辅助因素（硝酸还原成氨），因此与蛋白质合成有关。

（3）缺锰　叶绿素形成受阻，叶片花绿、浓绿，深浅不一致，叶脉间失绿，但是叶脉仍保持绿色。（缺锰和缺铁的区别）

10. Cu（铜）

参与体内氧化还原反应，构成铜蛋白，并参与光合作用，超氧化物歧化酶的重要组分，参与氮的代谢，促进花器官发育。

（1）吸收形态　以铜离子的形式被吸收，然后在土壤中与几种化合物形成螯合物接近根系表面。

（2）主要功能　①多酚氧化酶、抗坏血酸氧化酶等的成分，在呼吸的氧化还原中起到重要作用；②质蓝素的成分，参与光合作用；③提高枸杞霜霉病抗病能力。

（3）缺铜　叶片生长缓慢，呈现蓝绿色，幼叶缺绿，枯斑、死亡脱落；缺铜会导致叶片栅栏组织退化，气孔下形成空腔，即使水分充足也会导致萎蔫。

11. Zn（锌）

某些酶的组分和活化剂，参与生长素的代谢，参与光合作用中CO_2的水分解作用，促进蛋白质代谢，促进生殖器官发育，提高抗逆性。

（1）吸收形态　以锌离子的形式被吸收。

（2）主要功能　①合成生长素前体——色氨酸的必需元素；②碳酸酐酶的成分，

此酶催化二氧化碳合水反应，因此影响光合和呼吸作用；③谷氨酸脱氢酶等的组成成分，因此在氮代谢中也起到一定作用。

（3）缺锌　小叶病，叶片小而脆，丛生在一起，叶上还出现黄色斑点。新梢生长缓慢，严重时新梢干枯死亡。

12. Mo（钼）

硝酸还原酶的组分，参与根瘤菌的固氮作用，促进植物体内有机含磷化合物的合成，参与体内光合和呼吸作用，促进繁殖器官的健成。

（1）吸收形态　以钼酸盐的形式被吸收。

（2）主要功能　①硝酸还原酶的组成成分，缺钼则硝酸不能还原，出现缺氮症状；②固氮酶由铁蛋白和铁钼蛋白组成，因此缺钼严重影响固氮的豆科作物的生长。

（3）缺钼　叶片较少，叶脉间失绿，有坏死斑点，且叶缘焦枯，向内卷曲。十字花科作物缺钼时叶片卷曲畸形，老叶变厚且焦枯，禾谷类作物缺钼则籽粒皱缩或者不能形成籽粒。

13. Cl（氯）

参与光合作用，调节气孔运动，激活H^+-ATP酶，抑制病害发生。

（1）吸收形态　以氯离子的形式被吸收；在植物体内以氯离子的形式存在，极少与有机物结合。

（2）主要功能　①光合中氯离子参加水的光解；②叶和根细胞的分裂也需要氯离子的参与；③参与渗透势的调节。

（3）缺氯　叶片萎蔫，失绿坏死，最后变成褐色；同时根系生长受阻、变粗，根尖变成棒状。

14. Ni（镍）

有利于种子发芽和幼苗生长，催化尿素降解，镍是脱酶的金属辅基。防治锈病、枯叶病。主要功能：①催化尿素降解为氨和二氧化碳；②参与豆科植物生物固氮。缺镍时，叶片中脉积累，叶尖的尖端和边缘组织坏死，严重时叶片整体坏死。

（四）有益矿质营养元素的生理功能

（1）Si（硅）参与细胞壁的组成，影响植物光合与蒸腾作用，促进其他元素在植物体内的代谢，防止虫害。

（2）Na（钠）刺激生长，调节渗透压，影响植物水分平衡与细胞伸展，代替钾的部分营养功能。

（3）Co（钴）参与豆科作物根瘤固氮，刺激生长，具有促进花、茎、芽和胚芽鞘伸长的作用，稳定叶绿素。

（4）Se（硒）刺激植物生长，增强植物的抗氧化作用。

（5）Al（铝）刺激植物生长，影响植物花瓣的颜色。激活某些酶。

（五）矿质营养对枸杞生长的影响

植物对营养的需求是多方面的，当植物获得其生命活动所需要的营养时，植物就会健康生长；当植物缺乏某些营养时，就会表现出病症（表3-3）。

表3-3　植物缺乏矿质营养的病症检索表

1 老叶病症。

2 病症常遍布整株，基部叶片干焦和死亡。

3 植株浅绿，基部叶片黄色，干燥时呈褐色，茎部变细 ……………………………氮

3 植株深绿，常呈红或紫红，基部叶片黄色，干燥时暗绿，茎短而细 ……………磷

2 病症常限于局部，杂色或缺绿，叶缘杯状卷起或卷皱。

4 叶杂色或缺绿。

5 叶杂色或缺绿，有时呈红色，有坏死斑点，茎细 ………………………………镁

5 叶杂色或缺绿，叶尖和叶缘有坏斑点 ……………………………………………钾

4 坏死斑点大而普遍出现于叶脉间，叶厚、茎短 …………………………………锌

1 嫩叶病症。

6 顶芽死亡，嫩叶变形或坏死。

7 嫩叶初呈钩状，后从叶尖和叶缘向内死亡 ……………………………………钙

7 嫩叶基部浅绿，从叶基部枯死，叶捻曲 …………………………………………硼

6 顶芽活但缺绿活萎蔫。

8 嫩叶萎蔫，无失绿，茎尖弱 ……………………………………………………铜

8 嫩叶不萎蔫，失绿。

9 坏死斑点小，叶脉仍绿 ……………………………………………………锰

9 有或无坏死的斑点。

10 叶脉仍绿 ……………………………………………………………………铁

10 叶脉失绿 ……………………………………………………………………硫

（六）矿质营养与枸杞病虫害的关系

通过控制植物营养，可以改变植物的解剖学（加厚表皮细胞，高度木质化或硅质化）、生态学或生物化学产生大量抑制性或抗性物质，将寄主易感病虫害的生长期与寄生病虫活动高峰期错开来控制病虫害的发生。

1. 矿质营养与真菌病害的关系

植物细胞的渗出液可促进真菌孢子在根、叶片的萌发。缺磷时，叶片的糖分和氨基酸的浓度提高，氮过量，氨基酸和酰胺的浓度提高；缺钙、硼时，糖分和氨基酸的浓度提高，增加了植物的感病机会。叶片表皮细胞的酚类和黄酮类含量高时，可抑制真菌性病害。钙离子对真菌释放的果胶酶的活性有强烈的抑制作用，因此缺钙易引起真菌性病害，硼对植物酶类抗生素的功能有促进作用，植物组织老化，木质化、硅质化可阻碍菌丝体对植物组织的穿透能力。

2. 矿质营养与细菌病害的关系

由各种兼性寄生生物引起的细菌疾病可分为三种主要类型：叶斑病、软腐病和

微管束病。叶斑病的病原体一般都是通过气孔进入寄主植物的。因此表层作为感病的屏障没有多大效果。细菌一经进入植物体，就在细胞间隙蔓延繁殖。寄主植物的矿质营养状况对这一过程的影响与它对兼性真菌寄生生物的影响相似。植物缺钾和缺钙加速了病菌的繁殖和疾病蔓延，植物缺氮也常常如此，但不总是如此。细菌果胶酶和能损伤或杀死细胞的毒素也会加速病菌的繁衍。目前，关于植物矿质营养状况影响植物防御细菌侵染的机制尚缺乏详细资料。软腐病是由软腐病菌和黄单胞杆菌等引起的。寄生物通过伤口进入寄主植物组织，因此伤口木栓形成速率对寄主植物的抗性是非常重要的。钾营养水平高的植物伤口木栓形成速率高于缺钾植物。缺硼植物由生长导致的茎和叶柄破裂被认为是增加软腐病感病性的一个因子。同许多真菌疾病一样，多聚半乳糖醛酸酶也能促进细菌在寄主组织里的蔓延，并且这种蔓延与果胶酶有关。受感染组织中果胶酶的活性很高，而钙含量却与此相反。病状的严重性反映了钙的抗病作用。细菌微管束病，如由青枯病菌引起的微管束病，是通过木质部在植物体内蔓延的。它导致黏液物质的形成，最后使导管堵塞。

3. 矿质营养与病毒病的关系

病毒只能在活细胞里繁殖，并且只能以氨基酸和核苷酸为养料。一般来说，有利于寄主植物生长的矿质营养对病毒繁殖也有利，氮、磷尤其如此，在钾营养上也能看到同样的趋势。尽管矿质营养能促进病毒的繁殖，但病毒病害的外观症状也不一定与寄主植物矿质营养的增加相一致。病毒病外观症状的强弱及植物生长的下降程度主要取决于病毒和寄主细胞对氮的竞争。这种竞争因不同的病毒疾病而有差异，但也受温度等环境因素的影响。

4. 矿质营养与虫害的关系

合理施肥对控制害虫的危害有以下几个方面的作用：①改善作物的营养条件，提高了作物的抗虫能力。②促进作物的生长发育，避开有利于害虫的危险期或加速虫伤部分的愈合。③改变土壤性状，使害虫生存和蔓延的土壤环境条件恶化。④直接杀死害虫。合理的施用氮、磷、钾等营养元素可以对许多害虫产生一定的控制作用。主要表现在两个方面：一方面，使作物抗虫的遗传特性得以充分表达，有关这方面的详细内容将在本文其他部分进行讨论；另一方面，在作物整个生长阶段中，有一个时期最易受到害虫的危害，而害虫的发生期正好与作物的易感期吻合时，将会使作物受到严重的损伤。

二、合理施肥的基本原理

（一）合理施肥的基本理论

1. 矿质营养理论

①植物生长除需要光照、水分、温度和空气等环境条件外，还需要氮、磷、钾、钙、镁、硫、铁、锰、铜、锌、硼、钼、氯等必需营养元素；②每种必需元素均有其特定的生理功能，相互之间同等重要，不可替代。

2. 养分归还学说（李比希）

①随着作物的每次收获，必然要从土壤中取走大量养分；②如果不正确地归还土

壤的养分，地力就将逐渐下降；③要想恢复地力就必须归还从土壤中取走的全部养分。

3. 最小养分律（李比希）

（1）要点　①作物产量的高低受土壤中相对含量最低的养分所制约。也就是说，决定作物产量的是土壤中相对含量最少的养分；②而最小养分会随条件变化而变化，如果增施不含最小养分的肥料，不但难以增产，还会降低施肥的效益。

（2）意义　强调施肥要有针对性。

4. 限制因子律（布来克曼）（最小养分律的扩大和延伸）

（1）含义　增加一个因子的供应，可以使作物生长增加。但在遇到另一个生长因子不足时，即使增加前一个因子，也不能使作物增产，直到缺少的因子得到满足，作物产量才能继续增长。

（2）意义　施肥既要考虑各种养分供应状况，又要注意与生长有关的环境因素。

5. 报酬递减律

（1）含义　在技术条件相对稳定的情况下，随着施肥量的增加，作物的总产量是增加的，但单位施肥量的增产量却是依次递减的。

（2）意义　①揭示了作物产量与施肥量之间的一般规律；②第一次用函数［$Y=A(1-e^{-cx})$］关系反映了肥料递减规律；③使肥料使用由经验型、定型化走向了定量化；④告诫我们施肥要有限度，不是施肥越多越增产，超过合理施肥量上限就是盲目施肥。

6. 因子综合作用律

植物生长受水分、养分、光照、温度、空气、品种以及耕作条件等多种因子制约，施肥应与其他增产措施结合才能取得更好的肥效。

（二）合理施肥的指标

合理施肥的5项指标见图3–4。

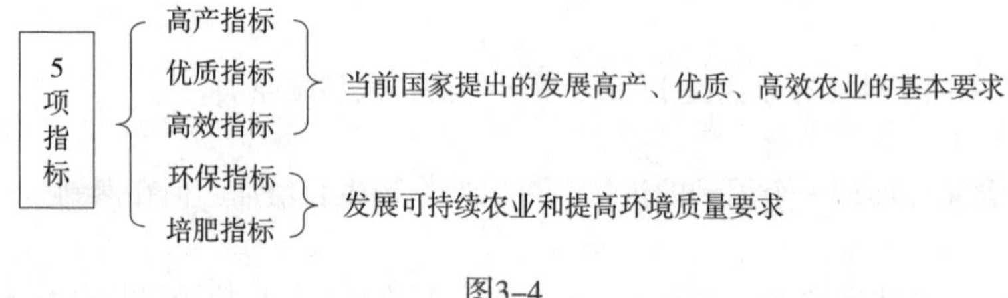

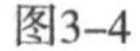
图3–4

三、综合施肥技术

（一）绿色食品枸杞施用的肥料

1. 有机肥

（1）人粪尿　人粪尿中尿素和食盐的含量高，氯离子含量高，有寄生虫和各种传染病菌，使用前必须经过腐熟发酵。禁止与草木灰混存或晒制粪干。

（2）猪粪尿　猪粪质地细，成分复杂，木质素少，总腐殖酸含量高，猪尿中以水溶性尿素、尿酸、马尿酸、无机盐为主，pH中性偏碱。猪粪尿养分易被枸杞根系吸收，有效性高。

（3）牛粪　牛粪中含水量高，空气不流通，有机质分解慢，属冷性肥料，未经腐熟的牛粪肥效低。牛粪可以使土壤疏松，易于耕作，为防止可溶性养分流失，可加入秸秆、青草、泥炭或土，加入马粪、羊粪等热性肥料或加入一定量的钙、镁、磷肥堆制可提高肥料利用率。

（4）鸡粪　养分含量高，在堆制过程中易发热，氮素易挥发。鸡粪应干燥存放，在堆制或沤制时加入适量的钙、镁、磷肥起保氮作用。

（5）马粪　纤维较粗，粪质疏松多孔，通气良好，水分易于挥发，含有较多的纤维分解菌，能促进纤维分解，分解腐熟速度快，发热量大，是高温堆肥发热的好材料。

（6）堆肥　堆肥是利用秸秆落叶、杂草、绿肥、家畜、家禽粪便等动植物残体和适量的石灰、草木灰等物进行堆制，经腐熟发酵而成的肥料。堆肥的目的是通过发酵分解，提高有机肥的利用率，杀灭寄生虫卵和各种病菌及杂草种子，减少粪肥养分损失，增加土壤活性。

①堆肥过程：堆肥是一系列微生物活动的复杂过程，包括矿质化和腐殖化两个过程，经过升温、高温、降温和腐熟4个段。起初细菌菌株开始分解物质，肥料发热升温，随着有机酸的产生pH下降，温度超过40℃，喜温菌株开始活跃，堆温达到60℃时，真菌开始迟钝，放线菌和产孢菌成为优势菌，在高温阶段，糖类、淀粉、脂肪和蛋白质很快被消耗尽，随着蛋白质中氨的释放，pH呈碱性，反应减缓，堆温降低，真菌再度活跃，这个过程只有2～3周时间，腐熟阶段长达数月。残留物反应产生腐殖酸，在这个过程中，微生物会激烈的竞争食料，分泌大量的抗生素。

②堆肥条件：原料C/N比值为25～35：1。湿度55%～70%，空气窄堆供氧，温度35～40℃→65℃→40～50℃，超过70℃加水翻堆降温。酸碱度6～8，草木灰、石灰、磷矿粉、钙镁磷肥调节，添加物质，黏土吸氨，老粪促熟。

③堆制方法：在好气条件下，把畜禽粪尿、动植物残体按一定比例分层堆制，调好湿度，盖土或糊泥封闭即成（表3-4）。

表3-4 高温堆肥的卫生标准

项目	卫生标准及要求
堆肥温度	最高50～55℃
蛔虫死亡率	95%～100%
大肠埃希菌值	10^{-2}～10^{-1}
苍蝇	堆肥周围无蝇蛆、蛹和新羽化的苍蝇。
高温时间	持续5～7天

（7）活性堆肥　活性堆肥是在油渣、米糠等有机肥料中加入黏土、谷壳、鱼粉、骨粉经混合、发酵成的肥料。此堆肥活性高，营养丰富，肥效持久。

（8）沤肥　利用秸秆、杂草、畜禽粪便，在淹水条件下常温发酵。肥效迟缓，肥效长，养分损失少。

（9）沼气肥　沼气肥是生产沼气的副产物，可作为基肥、追肥、喷施肥、浸种。

（10）酵素菌肥　用AM原液快速发酵的有机肥。把各种精粪肥每1000kg用1kg AM原液加水稀释后密闭发酵即成。具体方法是把1kg AM原液稀释在6kg 28～35℃的水中，加入1kg红糖，在密闭容器内发酵24小时，加250～500kg的水中，拌和精粪，根据气温密闭发酵7～10天，待粪释放出酒、醋、糖的混合香味时即可使用，该肥利用率高，养分释放快，卫生。

2. 合成大量营养元素矿物质复合肥料

尿素、磷酸二铵、硫酸钾，多元素复合肥，无机枸杞专用肥，枸杞套餐肥。

3. 商品有机肥

腐殖酸复合肥、氨基酸冲施肥、生物有机无机复合肥（生物磷钾肥、重茬PK）。

4. 微量元素肥料

以Fe、Mn、Zn、B、Mo、Mg等微量元素为主的肥料。

5. 叶面肥料

针对植株明显缺乏营养元素，代谢受到严重抑制，植株生长迟缓，枝条短瘦，叶片小，色淡，根系发育受阻，果实瘦小，所采取的一种应急补肥措施。一般喷施于叶面并能被叶片、嫩枝直接吸收利用的肥料，如植物多维蛋白、植物酶促剂、大量营养元素和微量元素复配剂、氨基酸与微量元素复配剂。

（二）绿色食品枸杞的施肥技术

1. 施肥时间

（1）基肥　基肥以秋施为主，以春施为辅。秋施在每年的10月中下旬。一龄枸杞由于采果结束早，可放在10月上旬进行，对根系的恢复、树体的养分贮备有好处。其他各龄枸杞如果秋果采果晚，可推迟到第二年早春进行，时间4月上中旬，这次施肥以有机肥为主，有机肥中氮、磷、钾总量占本次施肥量的60%以上，化肥为辅。这次施肥量占全年施肥量的40%左右，以氮、磷、钾混合施用。这次施肥承担着老眼枝开花、结实，春七寸枝生长、花芽分化和开花结实的任务，施肥的好坏对全年的产量影响极大。

（2）第一次追肥　老眼果成熟初期施肥。在5月下旬至6月上旬，老眼果开始成熟，春七寸枝还在旺盛生长阶段，春七寸枝除延长生长外，同时进行叶片生长、花芽分化、开花、幼果生长4个生理过程，需要大量的养分供应各种生理过程发育。地下部分根系正在生长，根系吸收养分能力很好，肥料供应充足，除保持各种生理发育的需要外，还为根系停止生长后，树体对各种养分的需求做好贮备。这一次施肥以氮、磷、钾混合施用，以磷、钾肥为主，施肥量占全年施肥量的20%左右。

（3）第二次追肥　在6月下旬施入活性有机肥、腐殖酸肥或氨基酸冲施肥。这一时期正是七寸枝果实发育，二混枝开始萌发时期，这次施肥可满足七寸果实膨大、二混枝发育的养分需要。这一次施肥以氮、磷、钾混合施用，以磷、钾肥为主，施肥量占全年施肥量的10%左右。

（4）第三次追肥　春七寸枝采果后期施肥，在7月下旬至8月上旬施一定比例有机无机肥。春七寸枝采果后期，树冠各种生理负担已经明显减弱。此时除春七寸枝下部果实正在成熟外，花芽分化和开花结实的生理过程很少出现。地下部分根系开始第二次生长，根系吸收功能逐渐加强。在此时施肥主要是为秋七寸枝萌发和生长做好准备，为秋七寸枝开花结果打好基础。这次施肥同样以氮、磷、钾混合施肥，相对以氮肥为主，施肥量占全年施肥量的20%左右。

（5）第四次追肥　秋七寸枝盛花期施肥，一般在8月下旬至9月上旬，主要作用是提高叶片功能和寿命，促进光合作用保证秋七寸枝果实正常发育，为来年树体积累各种营养做好准备。这次施肥要氮、磷钾配合施用，氮肥比例大，施肥量占全年施肥量的10%左右。

2. 施肥方法

（1）基肥　人工作业采用环状沟施法，距根茎40～50cm挖深25～30cm的环状沟，均匀施入肥料覆土填平，也可根据密度和树龄采用双月芽施肥方法；机械作业的作用对称沟施法；成龄枸杞也可采用盘状沟施法或全园施肥法，无论采用哪种施肥方法，基肥都必须均匀深施。

（2）追肥　一般采用环状沟施法或盘状沟施法，施肥深度12～17cm。

（3）叶面追肥　一般5月中旬以后整个生育期每15～20天喷施1次。叶面肥用量少，肥效快，可节省劳力，降低成本，一般采收前期喷施0.5%氮磷钾复合液肥，采收期以多维蛋白、氨基酸微肥、稀土微肥为主，叶面喷施最好在阴天或晴天的早晚，上午11时以前，下午5时以后，减少高温蒸发浓缩造成肥害，便于叶面充分吸收。一般叶背比叶面易于吸收，喷施注意均匀周到。

3. 施肥量

根据绿色食品施肥准则，有机氮和无机氮肥的比例要大于1：1，每生产100kg枸杞干果需纯氮25kg，五氧化二磷15kg，氧化钾10kg。1吨腐熟发酵的纯鸡粪有机氮的

含量相当于30～35kg尿素的含氮量，13.8～16.1kg纯氮，相当于17.4～21.7kg的重过磷酸钙，16kg的硫酸钾。1吨猪粪中所含的有机氮相当于10～13kg尿素的含氮量，1吨羊粪中所含的有机氮相当于13～15kg尿素的含氮量，1吨饼肥有机氮相当于90～110kg尿素的含氮量。按照目标产量要求，土壤的供肥性，枸杞树势的强弱及树龄来确定合理的施肥。

（三）绿色食品枸杞生产禁止使用的肥料

绿色食品枸杞生产严禁使用城市垃圾肥，医院的粪便、垃圾和含有害物质（毒气、病原微生物、重金属等）的工业垃圾作为肥料，禁止使用未经腐熟发酵的有机肥料，含有放射性元素、重金属元素的化学合成肥料，矿物质肥料，硝酸态肥料，含氯离子的肥料及合成的植物生长调节剂。

第八节　枸杞整形修剪技术

整形修剪是枸杞栽培管理的一项重要技术措施，它根据枸杞的生长结果习性，立地条件和栽培管理水平等方面的特点，通过整形使枸杞树具有牢固的树冠骨架和合理的冠形结构，为以后的生长结果、耕作管理和丰产打好基础。整形离不开修剪，修剪必须以整形为基础，通过剪、截、留、疏、拉等方法继续培养和维持一个通风透光良好，枝条分布均匀，树冠大而圆满的丰产树形，调节生长与结果的关系，使它达到持续高产稳产的树体结构。

（一）整形修剪的作用

整形是在枸杞生长期内，人为控制其自然生长，对植株进行整理和修饰，是通过人工修剪来控制幼树生长，合理培养和配制骨干枝条，以便形成良好的树体结构和树冠，而修剪则是在土、肥、水管理的基础上，根据各地自然条件、品种及在当地的生长习性和生长要求，对树体内养分分配及枝条的生长势进行合理调整。通过合理地整形修剪，可以改善树体的通风透光条件，加强同化作用，增强植物抗御自然灾害能力，减少病虫危害，同时能合理调节养分和水分运转，减少养分的无益消耗，增强树体各部分生理活性，促使枸杞早果、高产、稳产、优质，也便于管理，提高效益，降低成本。概括起来有以下几点。

1. 早果丰产

通过合理的整形修剪，控制树的长势和留枝量，降低极性生长，缓和顶端优势，增加树体内碳氮比例，有利于生殖生长发育，可以提早结果，多结果。据观测对生长势旺盛，不行短截修剪，不增加枝条级次，只开花不坐果的一年生枸杞园，进行合理修剪，控制生长势，增加枝条级次，显著提高了座果率，而不修剪的座果率还是很低。

2. 稳固骨架，紧凑冠形，便于管理

枸杞枝条细长而柔软，一般树冠松散丛生，骨架不牢固，枝条易拖在地上，田间耕作极不方便，又易侵染病虫害。通过整形，培养主干、中心干、主枝、侧枝，控制徒长枝，逐渐扩大树冠，建立牢固的树冠骨架，就可使树冠紧凑，有利于耕作管理。通过正确的修剪，除去一些生长衰弱、结果少而小的枝条，使树体养分集中供给保留下来的枝条结果，又改善树冠的通风透光性能，扩大了树冠结果面，果枝分布均匀，达到了调整生长与结果的平衡关系，有利于长久丰产稳产。

3. 提高果实质量

通过修剪，控制有效结果枝条数量，改善光照条件，进行养分合理分配，不仅能实现稳产，而且可使果粒增大，果实含糖量增加，商品率提高。据试验7年生茨园，当树冠相对光照度为64.79%时，其鲜果千粒重754.2g，果实可溶性固形物含量为16.79%，比相对光照度为20.61%、19.81%和45.2%的鲜果千粒重分别增加3.92%、3.07%和0.42%，而果实可溶性固形物分别增加5.49%、5.19%和0.72%。

4. 控制病虫害

通过合理修剪，除去病虫弱枝，减少病虫传染源，打破害虫的适生长场所，增加树体通风透光能力，减轻病虫害的蔓延速度和危害量。

（二）整形修剪的特点

1. 不必考虑里外芽的不同

枸杞枝条侧芽生长势比顶芽强，枝条短截后，剪口下的1～3个芽一般都能萌发成枝。新发出的枝条细密柔软而成弧垂、直垂或斜伸生长，也不易被风折断。每个七寸枝或春、夏、秋枝几乎都可以在当年形成花芽，当年开花结果，即使是生长较旺盛的徒长枝摘心或短截后，发出侧枝也能在当年开花结果。可以说枸杞发了枝，就会有果。所以修剪时，只考虑骨干枝，短截枝条的空间位置，枝条短截的长度等。对整形好的枸杞树，一个枝上留里芽和外芽对其生长结果没有多大区别。

2. 修剪量大，次数多

枸杞萌芽力、成枝力都比较强，发枝多、修剪量大，一般成龄树每年初春有1/3以上的老枝疏掉，少数壮枝短截，1/4～1/3的枝保持不剪。夏、秋季徒长枝萌发时间长，抽油条的时间长3～4个月，每7～10天修剪1次，共8～10次，修剪次数多，任务重。

3. 结果枝组建立快

枸杞无论营养供应、修剪水平高低与否都会结果，只是产量多寡，品质高低而已。因此在充足水肥供应的基础上，对徒长枝进行摘心和短截，一年可发3～4次枝条，当年就能形成结果枝组。因此，枸杞树易于更新复壮和培养出圆满的丰产树形。

（三）整形修剪的依据

1. 枸杞的生长结果习性

枸杞品种多样，特性各异，有的品种萌芽力强，成枝力也强，如宁杞3号；有的品种萌芽力弱，成枝力强，如宁杞2号；有的品种萌芽力和成枝力适中，如宁杞1号、宁杞4号；有的品种发枝力弱，因此可根据各品种发枝力强弱，成花结果能力强弱进行疏剪和短截。枸杞结果枝主要是老眼枝、春七寸枝、二混枝、秋七寸枝，二混枝和徒长枝只有在剪截处理后才能结果，所以及时对老弱病残枝疏除、二混枝削弱顶端优势、徒长枝疏除短截补空处理尤为重要。

2. 树龄

幼龄树营养生长旺盛，应以培养树形为主，成龄树主要是均衡树体各部分养分，平衡树势为主，衰老、弱树枝条少，可进行必要的重短截，对徒长枝及时摘心促进结果。

3. 生产需要

整形修剪应以早结果、早丰产、稳产、优质为目的，为便于生产管理为前提，因此修剪不应过分强求形状，而应根据生产目的，因树修剪，随枝作形，才能获得最大生产效益。

（四）整形修剪的内容

1. 培养主干

人为地选择一根生长直立、粗壮的徒长枝作为主干，将其余枝条全部剪除，限制多干生长。

2. 选留树冠

对主干上侧生的枝条有目的选留，作为树冠的骨干枝。

3. 更新果枝

骨干枝和侧枝上萌发的二次枝结果，但结果枝的结果力是随着枝龄的延长而减退的，一般当年生结果枝100%结果，二年生结果枝86%结果，三年生结果枝42%结果，四年生结果枝12%结果。所以每年都要剪除高龄结果枝，留1～2年生的结果枝。

4. **均衡树势**

依据树体的生长势，通过修剪对冠层的枝干进行合理布局，以修剪量来调节生长与结果的关系。其中对树冠各部位枝条的合理布局，徒长枝的控制尤为重要。徒长枝生长量大，消耗营养多又不结果，将其及时剪除，能减少养分无益消耗，相对增加营养积累。俗话说“剪口底下三分肥”就是这个道理。

（五）整形修剪顺序

1. **清基**

对地表下树冠和主干基部萌发出的徒长枝应首先把它剪掉，以免扰乱树形，遮蔽视野不利于修剪。

2. **剪顶**

经过一年的生长，树冠上部又新发出很多徒长枝和二混枝，及临时性结果枝组，增高了树冠，为了不使上部树冠秃顶，在不影响树体高度的前提下，短截、清除疏理徒长枝，临时性结果枝组，限制其高度生长，对于树体高度不够的树冠，利用徒长枝放顶，以利发枝，补充树冠达到所需高度。

3. **清膛**

剪去树冠膛内的串条及不结果或结果少的高龄弱枝，以便增强树体的通风透光性能，以利果实生长发育。

4. **修围**

对树冠结果枝层的修剪，主要是选留良好的结果枝，剪除非生产性枝条。修剪时要看施肥水平，病虫害防治彻底与否，上年枝条萌发的程度等决定修剪量。为做到不漏剪，不重复费工，应从上到下，围绕树冠顺着固定方向进行修剪，修围时要考虑以下4种情况：①冠层里外的老弱枝、横枝、立枝、病虫枝、针刺枝彻底清除。②徒长枝在空缺位置适当保留短截，促发果枝补空。③对老弱枝组更新回缩。④修剪后要求达到树冠枝条上下通顺，疏密分布均匀，树冠大小基本一致，通风透光良好。对于干果在300千克/亩以上的宁杞1号、宁杞4号，30cm以上的当年生结果枝在2.8万～3万个/亩，结果后的枝量一般在18万～20万个/亩。

5. 截底

为便于园地土壤管理，不使下垂枝上的果子霉烂，对树冠基层的着地枝距地面30cm处短截。

（六）整形修剪的原则

打横不打顺，去旧要留新，密处行疏剪，缺空留“油条”，短截着地枝，旧枝换新枝，清膛截底修剪好，树冠圆满产量高。

（七）整形修剪的方法

1. 幼龄树的整形修剪

枸杞树一般定植后1～4年为幼龄期，此时期树体生长旺盛，发枝能力强，若枝条摘心，一年内能萌发3～4次枝，幼树期以整形为主，选留强壮枝条培养树冠骨架，逐步扩大树冠，培养枝组，增加结果枝。在树形的选择上，要根据栽培条件、灵活采用，以有利于丰产优质为原则，为以后的高产优质奠定基础，生产上培养的枸杞树形虽有多种，但整形修剪的原则基本相同，只不过各树形的主枝数量和层次等有所不同，现以“长圆锥形”为例，将幼树的整形方法介绍如下。

（1）定干　定干高度因苗木大小，有无主枝而异，粗壮苗木，有主枝的苗木一般定干高度60～70cm，细弱苗木，无主枝的苗木定干低些，一般50～60cm，苗木弱小，长够高度再行定干。定干过低，第一层发出的结果枝搭在地上，易侵染病害，花果受损，耕作不便，定干过高，重心不稳，树冠易倾斜，会影响枝条分布、树冠面积及产量。一般栽植当年离地面高50～60cm处剪顶定干比较合理。

定干的当年在剪口下15～20cm范围内发出的新枝条（若主干上原有侧枝也可以利用）中，选4～5个分布均匀的强壮枝作为第一层主枝留10～20cm处短截，弱枝重截，壮枝长放，促发分枝粗细均匀。还可在主干上部选留3～4个小枝不短截作为临时性结果枝，有利于边整形边结果。对主干上发出的多余侧枝应剪去，等主枝发出分枝后，在其两侧各选1～2个分枝培养结果枝组，并于10～15cm处摘心或短截。若分枝长势弱，则当年不短截，此任务可在下年进行。

（2）冠层培养　第二年春，若上年各主枝萌发的分枝在当年没有短截，则第二年应在各主枝两侧各选1～2个分枝留10～15cm进行短截，促发分枝，培养结果枝组。对第一年在主干上留的临时结果枝若太弱或过密，可以疏去。第二年因树势增强会从第一年选留的主枝背部发出斜伸的强壮枝，可各选一个做主枝的延长枝，并于15～20cm处摘心，当延长枝发出侧枝后，同样在其两侧各选1～2个分枝于10～15cm摘心，使其再发枝，培养成结果枝组。主干上部若发出直立徒长枝，可选一枝最壮枝条于40～50cm处摘心，培养成为中心干，待其发出分枝时选留4～5个分枝作第二层主枝，若此主枝长势强，可在10～20cm处摘心或短截，促其发出分枝培养成第二层树冠。若此主枝长势中庸，短截任务可放在下年进行。对影响主枝生长的枝条，可以采用捋、拉方法，把各枝均匀排开，以便枝条构成圆满树冠。生长过密的弱枝和交叉枝等应及时剪除。

（3）放顶成形　第三至五年仿照第一年的方法，在中心干上端发出的直立徒长枝，选留一枝于40～50cm处摘心或短截。若中心干上端不发出直立徒长枝时，可在上层主枝或其延长枝上离树冠中心轴15～20cm范围内选1～3个直立徒长枝，高于树冠面10～20cm处摘心或短截，发出侧枝，增高树冠。经过4～5年整形修剪，一般树高达1.8m，冠径1～1.2m，根茎粗5～6cm，一个4～5层的树冠骨架基本形成，但是如果肥水不足，栽培管理条件差，树体生长弱，则不能如期发枝或发枝较弱，那么树冠的形成时间就会推迟，若主干上部不能长出直立的徒长枝，就会形成无中心干的树形。

对没有强有力支柱，水肥条件好的茨园，可利用绑缚主干的办法，加速整形，凡生长旺盛主枝延长枝超过60cm的即可重短截促发主枝，一年可形成两层树冠，可使整形期缩短两年。

2. 盛果期树的修剪

成龄枸杞修剪的主要任务：一是去旧留新，实现果枝不断更新复壮；二是去高补空，利用徒长枝补满树冠。总的目的是保持、巩固、充实结果面积大，健壮结果枝多的高产、稳产树形。成龄枸杞的修剪按生长季节可分为春季修剪、夏季修剪和秋冬季修剪。

（1）春季修剪　3月15日～4月20日进行，是一年中最全面的一次修剪。现在加强秋季管理，延长枸杞采收期到10月底，来不及秋季大剪，加上春季修剪植株萌芽，活枝与干枝易于辨认，便于剪尽，以达到理想树冠的目的，按照“打横不打顺，去旧要留新，密处行疏剪，稀处留油条，短截着地枝，旧枝换新枝，清膛截底勤修剪，树冠圆满产量高”的修剪原则，通过清基、剪顶、清膛、修围、截底5个步骤细致修剪。

（2）夏季修剪　一般在5～9月根据树龄不同，品种不同，施肥水平不同进行修剪。修剪的主要任务是剪去主干、中心干、主枝上的徒长枝（树冠缺空或秃顶处的徒长枝摘心处理，加以利用）以减少养分无益消耗，增加树冠通风透光能力，促进开花结果，一般7～10天修剪1次。为了延长结果期，缓解七寸果采收高峰期人力不足的问题，夏季修剪时，4月主干、中心干、主枝上出现的萌芽全部及早抹除，3～4次过后，在树冠上部、主枝上发出的二混枝，徒长枝要尽量选留，并适期剪顶，促发新枝结果，7月中下旬至8月果实陆续成熟采收，相应延长结果期。所以说夏季修剪是解决徒长枝合理利用的问题，只要合理加以利用既不影响结果枝生长，也不会出现大量消耗养分、产生果粒变小、下部枝条落花落果的现象，此外还能扩大树冠，补满树形，对提高产量有显著作用。

（3）秋冬季修剪　一般10月下旬至11月上旬秋果采收结束。为了避免劳力紧张，又不影响秋果生产，常把这次修剪时间推迟到2月至3月中旬进行，也可合并为春季修剪。

3. 补形修剪

成型的枸杞植株在田间管理过程中由于管理不当，机械损伤，病虫危害（干枝严重），自然灾害（冰雹、风折）等原因，造成部分树冠受损、缺空，树体不正，结果面积减少，整体产量降低。为此，利用修剪措施以补满树冠空缺，补正偏斜树冠，提高总体产量，称为补形修剪。

为了利用徒长枝补形，必须掌握徒长枝修剪后的发枝习性，因为需要补形的只是植株的一部分，可结合春季修剪和夏季修剪进行。同时在修剪中对补形用的当年生徒长枝要及时选留、剪顶。一般二年生徒长枝经修剪后所萌发的枝条以徒长枝为最多占68%，其次是中间枝占18.5%，结果枝最少仅占13.5%。而当年生徒长枝经修剪后所萌发的枝条，则以结果枝为最多占44.5%，其次是徒长枝占34.5%，中间枝最少仅占21%，因此利用二年生徒长枝补形，徒长枝剪留的高度应低于补空高度15～25cm。

（1）树冠补顶　由于树冠前期管理不当造成丛生或主枝过长，树体松散，没有顶层，应选近中心干的徒长枝20～30cm摘心，促发二次枝补充冠顶。

（2）冠层补空　一种是主干上的主枝被折，形成较大的空缺，补空范围较大，需要培养主枝去改冠补空，另一种是主枝上较粗的侧枝被折而形成小空，补空范围小，一般利用主枝或主枝上较粗的侧枝所发出的徒长枝补空。

（3）偏冠补正　由于风害等原因使主干歪斜不易扶正的偏冠，需要在偏缺的一侧主干上发出的徒长枝，摘心（短截），培养一个主枝或大枝组。

（4）整株更新　十龄以下的树因被折损或抽干，不能在原有枝干上形成树冠，但主干基部和根系完好或受药害严重的树，可在植株基部选留最强壮的徒长枝重新培育出一株树，锯掉原有树冠。

（八）几种主要丰产树形

1. 长圆锥形

类似于苹果树的纺锤形，其结构是树高1.6m左右，冠径1.2m左右，有明显的中央领导干，小主枝20个左右，分4～5层，着生在中心干上，每层4～5个主枝。主枝虽多但都不大，树冠向上发展形成高而窄的圆锥树形，通风透光条件好，早果丰产，是密植栽培的主要树形，适宜在株行距1m×3m或1.5m×2m的密植园中采用。这是宁夏枸杞常用的修剪树形。

2. 疏散分层形

这种树形是把第一层基础打牢固，在中心干上留15～20cm的徒长枝2～3个，待稳固后合理取留，在中心干上连续多次留15～20cm的徒长枝2～3个，这样采取多次选留的办法，主枝比较分散，侧枝容量多，立体结构好，结果面积大。

3. “三层楼”形

有12～15个主枝分三层着生在中央领导干上，因树冠层次分明，故得名“三层楼”。此种树形高大，成形后树高约1.8m，树冠直径1.7m以上，结果枝多，单株产量高，适宜于稀植高肥栽培，要求整形修剪技术高，但树形美观，树冠层次分明，立体结构好，结果枝容量多，产量高，群众有“要想结果三层楼，花开四门枝枝稠”的说法，如果更新修剪搞得不好，上强下弱控制不当，就会演变成“圆头形”“一把伞”的树型，“三层楼”树形是枸杞幼龄期经过人工逐年分层整形修剪而成的，一般在幼龄期的4～5年内形成，从定干开始整形修剪，在第1～2年内形成第一层，2～3年内形成第二层，第3～4年内形成第三层。尤其是第一层树冠，主侧枝培养不强壮，基层不牢固，更新不合理，就会因下部生长势衰弱而演变为只有两层或一把伞的树形，此整形方式对技术要求高，推行难度大，注意三层间的距离要一致，层次要分明，不然树体立体面积易受限制。

4. 自然半圆形

又叫圆头形，根据枸杞自然生长的特点，经分层修剪，吸收伞形和三层楼的优点，把主要时间和整形工作放到基层上，保证主侧枝强壮，骨架稳固，在培育第一层的基础上放顶，自定干后的前三年培育基层，5年内完成第二层，也可放一小顶。有5～8个主枝分两层着生在中央领导干上，第一层3～5个，第二层2～3个，上下层主枝不重叠，要相互错开，这种树形冠幅大，高1.7m左右，树冠直径1.8～2m，适于稀植栽培。

5. “一把伞”形

由自然半圆形或“三层楼”树形演变而来，一般进入盛果期后，主干有较高部位的裸露，而树冠上部保留较发达的主侧枝。因结果枝全部集中在树冠上部，树形像伞，故名“一把伞”。成形后树高约1.5m，树冠直径1.5～1.6m。采用该树形的原因：①幼龄枸杞整形时，定干过高或不定干，主干高、侧枝集中在顶部，主干中下部很少或没有侧枝，这样就形成主干高，冠层薄，外形似伞。②由“三层楼”或圆头形树形演变而来，这两种树形在幼龄期和壮龄期保持原状，但此后随树龄的增加，树冠郁闭度增大，植株中下部光照条件差，整形过程中主干下部的侧枝培育不很强壮，中下部侧枝日渐衰弱，结果力不强，而树冠上部光照好，顶端优势强，造成上强下弱，因而在逐年的修剪过程中，去旧换新，去弱留强，使树冠下部侧枝渐少，使树冠层缩小而集中于主干顶部而成为伞形。伞形在整形修剪上易掌握，但到了老龄期树冠脱顶，结果面积减少，产量低，生产上不采用。

第九节　枸杞病虫害综合防治技术

一、枸杞虫害的发生调查及综合预防

（一）刺吸类害虫

1. 枸杞蚜虫*Aphis* sp.

俗称蜜虫、油汗。

【形态特征】有翅胎生蚜，体长1.7～2.2mm，头、触角、中后胸黑色，复眼黑红色，前胸绿色，腹部深绿色；无翅胎生蚜，体长1.5～1.9mm，色淡黄色至深绿色。

【危害症状】常群集嫩梢、花蕾、花柄、幼果等汁液较多的幼嫩部位，吸取

汁液，受害枝梢卷缩，受害花蕾脱落，受害幼果成熟时不能正常膨大。严重时枸杞叶、花、果表现全部被蚜虫分泌物所覆盖，油光发亮，直接影响光合作用，湿度大时，寄生病菌，霉污变黑，造成早期大量落叶、落花、落果，植株早衰，大幅度减产。（图3-5）

图3-5　枸杞蚜虫危害症状

【发生规律】枸杞蚜虫一年发生19～21代，以卵在枝条缝隙芽腋处越冬，翌年4月中下旬卵孵化成干母，孤雌胎生，第二、三代即出现有翅蚜，在田间繁殖扩散，5月中旬至7月上中旬虫口密度最大，6月中下旬是蚜虫危害的最高峰，7月中下旬温度高，降雨频繁，虫口密度逐渐下降，8月虫口密度最低，9月秋梢生长时，虫口密度回升，转移为害秋梢，10月上旬产生性蚜、交配产卵，10月中旬为产卵盛期，11月上旬结束，将卵产在枝条缝隙处越冬。

【防治方法】

（1）抓住关键时期适时防治　如有翅蚜出现初期和越冬代产卵期的防治。

（2）充分运用农业措施　由于枸杞蚜虫越冬卵产在枝条的缝隙中，生产季节又常群集在枝条嫩梢为害。因此把枸杞园的杂草树叶及修剪下的弃枝带出园外集中烧毁，减少越冬基数。在生产季节及时抹芽，除去徒长枝，对混枝及时摘心，降低幼嫩部分的虫口密度。在施肥灌水方面，注重有机肥的施入，控制氮肥，增施磷、钾肥，合理施入硅钙镁钾肥，恶化蚜虫食源。适时控制灌水次数和灌水量，使枸杞树体壮而不旺，加速木质化，提高树体的抗蚜虫能力。

（3）合理选用农药　如用25%阿克泰6000～8000倍，1%苦参素800～1200倍，0.5%藜芦碱醇溶液1200～1500倍，70%艾美乐20 000～30 000倍，大克虫、大灭虫、扑虱蚜、绿色通、康复多、塞德等都有良好的防治效果，但要坚持轮换用药，严格控制使用浓度，减缓抗性，提高防效。

（4）引进和保护天敌　枸杞蚜虫的天敌主要有七星瓢虫、龟纹瓢虫、草蛉、食蚜蝇、蚜虫寄生螨等，有条件的地区开展天敌的引进，在喷药时选用对天敌杀伤力小的农药。

2. 枸杞木虱*Paratrioza sinica* Yang et Li

【形态特征】成虫体长3.75mm，翅展6mm，形如小蝉，全体黄褐至黑褐色具橙黄色斑纹。腹部背面褐色，近基部具1蜡白色横带，十分醒目，是识别该虫重要特征之一。翅透明，脉纹简单。成虫常以尾部左右摆动，在田间能短距离疾速飞跃，腹端分泌蜜汁。卵长0.3mm，长椭圆形，橙黄色，具1细如丝的柄，固着在叶上。若虫扁平，固着在叶上，如似介壳虫。末龄若虫体长3mm，宽1.5mm（图3-6和图3-7）。

图3-6　枸杞木虱成虫

图3-7 枸杞木虱幼虫

【危害症状】木虱成虫与若虫都以刺吸式口器刺入枸杞嫩梢，叶片表皮组织吸食树液，造成树势衰弱。严重时成虫、若虫对老叶、新叶、当年生枝全部为害。树下能观察到灰白色粉末退皮及粪便，造成树势衰弱，叶色变褐，叶片干死，大幅度减产，质量下降等。最严重时造成1～2龄幼树当年死亡，成龄树翌年除主干外全部干死。

【发生规律】枸杞木虱以成虫在树冠、皮缝、树皮下、落叶下、枯草中越冬，翌年气温高于5℃时，开始出蛰为害。成虫最早出现在2月下旬，萌芽前不产卵，只吮吸汁液补充营养，常静伏于下部枝条向阳处，天冷时不活动。枸杞萌芽后开始产卵，卵孵化后的若虫从卵的端顶破卵壳，顺着卵柄爬到叶片上为害。枸杞木虱各代的发育与气温关系不大，一般完成一个世代需要35天，一年发生5～7代，各代有重叠现象。

【防治方法】

（1）秋季彻底清园，将园内、埂旁的枯枝败叶、杂草集中烧毁，并用4.5%高效氯氰菊酯乳油1500倍液加1.8%益梨克虱3000倍液，进行药剂防治，杀死成虫于越冬前，以减少翌年虫口密度。

（2）4月上旬，越冬成虫大量出蛰，尚未产卵时，采用10%吡虫啉乳油1500倍液，3%啶虫脒乳油2500倍液，或20%一边净可湿性粉剂2000倍液，或2.5%扑虱蚜可湿性粉剂1500倍液，或2.5%敌杀死乳油2000倍液，或20%双甲脒乳油1000倍液，可治蚜虫和害螨。

（3）5月下旬到6月中旬是第1代成虫、第1、2代卵和若虫的发生盛期，应选择4.5%高氯菊酯2000倍液加苦参素、印楝素、塞德、苦烟乳油喷雾1～2次，可兼治枸杞瘿螨和蚜虫。

（4）7～10月根据虫情，可采用上述药剂进行防治2～3次，以达到控制木虱虫口密度增大的目的。

3. 枸杞锈螨*Aculops lycii* Kuang

【形态特征】枸杞锈螨体态很小，凭眼睛是直接看不到的，放大20倍成螨体长3.4～3.8mm，宽1.3～1.5mm，体似胡萝卜中的黄萝卜形。枸杞锈螨在叶片上分布最多，一叶多达数百头到2000头之多，主要分布在叶片背面基部主脉两侧。

【危害症状】枸杞锈螨将口针刺入叶片，吸吮叶片汁液，使叶片营养条件恶化，光合作用降低，叶片变硬、变厚、变脆、弹力减弱，叶片颜色变为铁锈色。严重时整树老叶、新叶的叶片表皮细胞坏死，叶片失绿，叶面变成铁锈色，失去光合能力，全部提前脱落，只有枝，没有叶。继而出现大量落花、落果，一般可造成减产60%左右（图3-8）。

图3-8　枸杞锈螨危害症状

【发生规律】枸杞锈螨以成螨在枝条芽眼处群集越冬。春季4月上旬枸杞萌芽，成螨开始出蛰，迁移到叶片上进行危害，4月下旬产卵，卵发育为原雌，以原雌进行繁殖。枸杞锈螨在叶片营养恶化不严重的情况下，一般不转移到其他单株上危害，继续在原有单株吸汁危害，直至叶片表皮细胞坏死，叶片变为铁锈色，失去光合作用，出现大量落叶。在锈叶脱落前成螨和若螨转移到枝条芽眼处越夏。秋季新叶出现后，成螨和若螨又转移到新叶危害并繁殖后代，10月中下旬气温降到10℃左右，成螨从叶面爬到枝条芽眼处群聚越冬。

枸杞锈螨从卵发育到成螨，完成一个世代平均为12天，按此推断，全年可发生20代以上。生活史观察枸杞锈螨一年有两个繁殖高峰，即6、7月的大高峰和8、9月的小高峰。在生产上一般造成全部落叶，形成光秃枝的情况主要发生在6～7月。8～9月未见出现过这样严重的情况。锈螨的爬行仅限于单株范围，株间短距离传播靠昆虫、风和农事活动，远距离传播主要是苗木。

【防治方法】

（1）农业防治措施　①枸杞锈螨以成螨在枝条芽眼处群聚越冬，在生产中利用枸杞锈螨群聚在果枝上越冬的习性，在休眠期对病残枝疏剪，对果枝的短截修剪，减少越冬锈螨基数有明显的作用。②选择栽植抗螨品种，如大麻叶优系，宁杞1号。③增施有机肥，合理搭配磷、钾肥，增强树势，提高树体耐螨能力。④新建枸杞园避开村舍和大树旁。

（2）抓关键防治时期　锈螨防治要抓两头和防中间。抓两头：一是抓春季出蛰初期，4月中下旬防治；二是抓10月中下旬入蛰前防治。防中间：主要防好繁殖高峰6月初之前和8月中旬越夏出蛰转移期。

（3）化学防治 ①10月中下旬越冬前用3～5波美度石硫合剂；4月中下旬，出蛰期用50%溴螨酯乳油4000倍或红白螨锈清2000～2500倍进行防治。②生产季节选用73%克螨特乳油2000～3000倍，或45%～50%硫黄胶悬剂120～150倍，或20%双甲脒2000～3000倍，或0.15%螨绝代乳油2000倍，或哒螨灵2000～2500倍。

（二）食叶类害虫

1. 枸杞负泥虫*Lema decempunctata* Gebler

【形态特征】 成虫体长4.5～5.8mm，宽2.2～2.8mm，全体头胸狭长，鞘翅宽大，鞘翅黄褐至红褐色，每个鞘翅上有近圆形的黑斑5个，斑点常有变异。卵长椭圆形，橙黄色，在叶片上呈“人”字形排列。幼虫体长7mm，灰黄色，腹部各节具1对吸盘，使之与叶面紧贴，幼虫背负自己的排泄物，故称负泥虫。蛹长5mm，浅黄色，腹端具2根刺毛（图3–9）。

【危害症状】 负泥虫成虫、若虫均为害叶片，被害叶片在边缘形成缺口或叶面成孔洞，严重时全叶叶肉被吃光，只剩叶脉。

【发生规律】 枸杞负泥虫常栖息于野生枸杞或杂草中，以成虫飞到栽培枸杞树上啃食叶片嫩梢，以“V”形产卵于叶背，一般8～10天卵孵化为幼虫，开始大量危害。幼虫老熟后入土吐白丝粘和土粒结成土茧，化蛹其内。枸杞负泥

图3–9 枸杞负泥虫幼虫

虫一年均发生3代，以成虫在田间隐蔽处越冬，春七寸枝生长后开始危害，6～7月危害最严重，10月初，末代成虫羽化，10月底进入越冬。

【防治方法】

（1）在3月下旬至4月上旬，结合浅耕和毒土防治负泥虫，翻耕树冠下土壤进行人工灭蛹，或用50%辛硫磷乳油1.5kg，10%吡虫啉可湿性粉剂0.5kg，或70%艾美乐0.1kg，撒入翻耕后的树下土壤中，耙入土中灌水封闭。

（2）4月中旬枸杞萌发新芽时，成虫大量出蛰活动，可用90%敌杀死原粉1份，炒麸皮100份，撒于树冠下，诱杀成虫，或用45%高效氯氰菊酯2000倍液树冠喷雾，或用90%敌百虫600倍液喷撒新鲜柳枝，放于树冠下，诱使成虫啃食嫩柳叶而杀死。

（3）在5～9月负泥虫成虫、幼虫为害阶段，视虫情轻重程度，结合防治蚜虫，害螨进行药剂防治，用25%敌杀死乳油2000倍液，或20%杀灭菊酯乳油1500倍液，或20%甲氰菊酯乳油2000倍液进行树冠喷雾。

2. 灰条夜蛾 *Discestra trifolii* Hufn

属鳞翅目，夜蛾科。

【形态特征】成虫体长12～15mm，翅展31～38mm，前翅灰色或淡褐色，基线、内横线双线，黑色，波浪形，外斜，剑纹褐色黑边，环纹灰黄色黑边；肾纹灰色黑边，中有黑褐色纹，后半部模糊，黑褐色，外横线黑色，双线，锯齿形，外弯，亚缘线暗灰色，不规则锯齿形，在Cu1脉及M3脉处为较大外突齿，几乎达翅外缘，线内方及脉间有1列齿形黑纵纹，缘线为1列黑点；后翅前缘区及端区暗褐色。卵圆形，直径约0.4mm。幼虫体长31～35mm，头褐黄色或褐绿色；体色变异大，有黄绿、绿、褐绿等色。背线不明显，亚背线及气门线呈断续黑褐色长形斑点，气门线下缘镶有浅黄绿色宽边。有些个体亚背线、气门下线不明显。蛹体长约15mm，宽约5mm，头、胸、翅绿褐色，腹部褐绿色。臀棘2根，短针状，基部远离。

【生活习性】一年发生2代，以蛹在土中越冬，6月上旬至7月上旬为害，成虫有强趋光性。

【防治方法】

（1）在成虫期利用黑光灯和糖蜜诱杀成虫。

（2）在幼虫3龄前用药防治，可用90%敌百虫结晶、50%辛硫磷乳油、50%马拉硫磷乳油1000倍液，或1% 7051杀虫素乳油2000～2500倍液，或2.5%敌杀死乳油、2.5%功夫乳油、10%杀虫王乳油、20%氰戊菊酯乳油2000～3000倍液喷雾。

（3）在幼虫卷叶期，根据卷叶捏杀幼虫。

3. 枸杞毛跳甲*Epitrix abeillei*（Bauduer）

属叶甲科（Chrysomelidae），分布于宁夏、甘肃、新疆、陕西、河北，山西等地区，主要为害枸杞嫩枝叶。

【危害症状】以成虫在4月枸杞萌芽时，食害新芽，使生长点被破坏，新芽不能抽出，展叶后在叶面啃食叶肉成点坑，严重时坑点相连成枯斑，叶片早落，并食害花器及幼果，使果实不能成长或残缺不整。

【形态特征】成虫体长1.6mm，宽0.9mm，卵圆形，黑色，触角、腿端、胫节及跗节黄褐色；触角基部上方有2个刻点，上生2毛；触角11节，长略及体半，第一、二节较粗，第三、四节略细，以后各节依次加粗，各节密生微毛，以节端2毛较长；复眼黑色；头顶两侧各有粗刻点3、4个，上生数根白毛，前面以“V”形细沟与额隔开，额中隆突，前部疏生白毛；后足腿节粗壮，下缘有1条容纳胫节的纵沟，胫节具1小端距；前胸背板周缘具细棱，列生白毛，侧缘略呈弧形，有细齿，背面刻点粗密，后缘向后弯，前方两侧各有1小凹陷；小盾板半圆形，无刻点；鞘翅肩角弧形，内侧有1小肩瘤，翅面刻点纵列成行，行间生1行整齐的白毛。幼虫不明。

【发生规律】 以成虫在株下土中或枝条上挂的枯叶中越冬，4月上旬枸杞发芽时开始活动，中旬为盛期，食害新芽，生长点被破坏，新芽不能抽出，展叶后将叶面啃食成坑点，严重时坑点相连成枯斑，叶片早落，并食害花器及幼果，使果实不能成长或残缺不整。生长期间均有成虫为害，以6～8月为最多，多集于梢部嫩叶上，1片叶上，常有数虫为害，稍有惊扰即弹跳落地或飞逸。

【防治方法】

（1）农业防治 ①清洁田园，清除杂草、残茬等越冬潜藏地，减少来春虫源。②根据虫情，调整播种期，适当晚播，躲过成虫盛发期；实行轮作，避免连作。③结合疏苗、定苗拔除并烧毁枯心苗。

（2）药剂防治 5～8月在龟甲、跳甲、小跳甲活动高峰期，可用50%辛硫磷乳油800倍液，或1%苦参素乳油800倍液，或0.5%藜芦碱醇溶液800倍液，或1.2%苦·烟乳油1000倍液加10%吡虫啉乳油1000倍液，或20%阿克泰水分散剂4000倍液等喷布树体及树冠下土壤、杂草。在此期间应掌握虫害轻重程度，并结合防治蚜虫、害螨等进行喷药，一般每15～20天1次，共2～3次。

（三）潜叶类害虫

1. 枸杞瘿螨 *Aceria palida* Keifer

属蜱螨目，瘿螨科。俗称虫苞子、痣虫。

【形态特征】成虫体长0.08～0.3mm，全体橙黄色，长圆锥形，头胸部宽短，尾部渐细长，口器下倾向前，腹部有细环纹，足2对，爪钩羽状；卵圆球形，直径0.03mm，乳白色，透明。

【危害症状】为害枸杞叶片、嫩梢、花蕾、花托、幼果，被害部分变成柴黑色小痣状的虫瘿，并使组织隆起，严重时幼叶虫瘿面积占到1/4～1/2，嫩梢畸形弯曲，不能正常生长，花蕾不能开花结果（图3-10）。

图3-10　枸杞瘿螨危害症状

【发生规律】枸杞瘿螨主要危害叶片、嫩梢、花瓣、花蕾和幼果，被害部位呈紫色或黄色痣状虫瘿。气温5℃以下，以雌成螨在当年生枝条的越冬芽、鳞片内以及枝干缝隙越冬；4月上中旬越冬成螨转移到新叶表面活动；气温20℃左右瘿螨活动活跃，5月上旬至6月上旬和8月下旬至9月中旬是瘿螨发生的两个高峰期，在宁夏地区1年发生10代左右。

【始发期】4月中旬枸杞展叶期和5月上旬枸杞新梢盛发期。

【防治方法】根据瘿螨发生特点应抓住以下几个有利时机进行喷药防治。

（1）10月下旬、冬水前，结合清园工作及茨园药剂封闭防治其他害虫，可用40%辛硫磷乳油600倍液加石硫合剂150倍液进行树冠喷布1次，对树干、树枝仔细喷雾，以消灭即将在枝条缝隙和芽眼处越冬的成螨，降低次年的害螨基数。

（2）4月中下旬枸杞发芽展叶时，瘿螨从越冬场所出来活动。正在扩散中，虫体暴露在外，此时期可用0.5波美度石硫合剂，或50%硫悬浮剂200倍液，或73%克螨特乳油1500倍液，或15%的螨死净可湿性粉剂2000～3000倍液，或16%哒螨灵可湿性粉剂2000倍液等进行喷药防治1～2次，每15～20天1次，消灭越冬各代成螨于扩散中。

（3）在5月下旬至6月上旬，从虫瘿内爬出的瘿螨由老枝条向新枝梢上扩散时，虫体完全暴露于虫瘿外，抓住时机，进行树冠喷药防治2～3次，间隔15～20天，可有效地将迁移中的瘿螨大量消灭，使其以后的为害基数大大减少。所选药剂除第二条中列举的外，还可选用：5%阿波罗乳油5000倍液，或20%灭扫利乳油2000倍液，或20%速螨酮可湿性粉剂4000倍液，或15%扫螨净乳油3000倍液，或1.8%阿维菌素3000倍液，或浏阳霉素1500倍液，或华日霉素1500倍液等。这些药剂属新型杀螨剂或杀虫杀螨剂，其药效好，击倒速度快，杀伤力强，既防螨又杀虫，但为了使其药效得以较长时间延续，应调换使用或以其他酸碱性质相似或相同的老品种混配、调换着使用。

（4）如果在前几次防治中，由于防治时机把握不好，或用药量不适，以致瘿螨危害较重的，可在8月中下旬瘿螨从虫瘿内向树梢上迁移扩散时，用上述药剂进行防治，以确保秋果生产。

（四）蛀果类害虫

1. 枸杞红瘿蚊*Jaapiella* sp.

【形态特征】 成虫长2～2.5mm，黑红色，形似小蚊子。卵：无色或淡橙色，常10～20粒产于幼蕾顶部内。幼虫初龄时无色，随着成熟至橙红色，扁圆，长2.5mm。蛹：黑红色产于树冠下土壤中（图3–11）。

图3–11 枸杞红瘿蚊危害症状

【危害症状】 被红瘿蚊产卵的幼蕾，卵孵化后红瘿蚊幼虫就开始咬食幼蕾，被咬食后的幼蕾逐渐表现畸形症状。早期幼蕾纵向发育不明显，横向发育明显，被危害的幼蕾变圆，变亮，使花蕾肿胀成虫瘿。后期花被变厚，撕裂不齐，呈深绿色，不能开花，最后枯腐干落。

【发生规律】 枸杞红瘿蚊以老熟幼虫在土壤里作茧越冬。4月中旬，枸杞展叶后，成虫羽化时，蛹壳拖出土表外，此时老眼枝幼蕾正陆续出现，成虫用较长的产卵管从幼蕾端部插入，产卵于直径为1.5～2mm的幼蕾中，每蕾可产10～20粒卵；卵孵化后，幼虫钻入到子房基部周围，蛀食正在发育的子房，使子房不能正常发育，变为畸形。蛀食子房的幼虫成熟时，花萼裂片开裂，成熟幼虫从开裂处，落入树冠下，迅速钻入土壤1～3cm作茧化蛹，蛹期平均为7天。老熟幼虫继续羽化，羽化后2天即可上树继续产卵危害。此时正是春七寸枝幼蕾发育期。整个过程和危害老眼枝幼蕾相同，被危害的幼蕾，花萼裂片开裂，成熟幼虫从开裂处落入土壤中化蛹，羽化后继续危害二混枝幼蕾。危害二混枝幼蕾的害虫可继续危害秋七寸枝幼蕾。

【防治方法】

（1）抓住初春4月中旬幼虫化蛹这一时机，进行土壤毒土处理，将越冬老熟幼虫杀死在出土前，所需药剂有：50%辛硫磷乳油亩施1kg，或10%吡虫啉乳油亩施0.5kg，或70%艾美乐水分散剂亩施0.1kg。将药剂均匀拌入50kg细潮土中，撒施于翻耕后的枸杞园内，树冠下、埂边等处多施，然后耙平，有灌水条件的及时灌水，能起到较好的防治效果。也可撒施后覆盖地膜，效果会更好。

（2）早春枸杞园完成修剪、清园、整地后，在枸杞萌芽开始覆膜，不能迟于现蕾期，5月中旬前后撤膜。覆膜宽度以枸杞树冠下的地面全部被膜覆盖为准。

（3）5月中旬在第1代幼虫入土后化蛹前采用上述方法和药剂，再进行一次土壤药剂处理，以杀死第1代化蛹前的幼虫，降低虫口基数，减少对“夏果子”的危害。

（4）结合夏季修剪，剪除有虫害果枝，摘除有虫害果，并集中深埋，可使“七寸”果枝上的幼果减轻危害。另外，在害虫羽化期适时灌水可抑制害虫羽化，降低其越冬基数；也可结合夏季防治蚜虫、瘿螨等进行树冠喷布。常用40%辛硫磷乳油1000倍液，或40%毒死蜱乳油1200倍液，或5%阿尔法特2000倍液等内吸性杀虫剂，可杀死部分虫瘿内的幼虫。

2. 枸杞实蝇*Neoceratitis asiatica*（Becker）

【形态特征】成虫体长4.5～5mm，翅展8～10mm。头橙黄色，颜面白色，复眼翠绿色，映有黑纹，宛如翠玉。两眼间具“Ω”形纹，3单眼。胸背面漆黑色，具强光，中部具2条纵白纹与两侧的2条短白纹相接成“北”字形。翅透明，有深褐色斑纹4条，1条沿前缘，余3条由此斜伸达翅缘；亚前缘脉尖端转向前缘成直角，直角内方具1小圆圈，据此可与类似种区别。成虫性温和，静止时翅上下抖动似鸟飞状。卵白色，长椭圆形。幼虫体长5～6mm，圆锥形。蛹长4～5mm，宽1.8～2mm，椭圆形，浅黄色或赤褐色（图3-12）。

图3-12　枸杞实蝇

【危害症状】被害果实的表面，早期看不出显著症状，后期呈现白色弯曲斑纹，果肉被吃空，满布虫粪，失去药用和经济价值。

【发生规律】年生3代，第一代幼虫发生在结果时期，为害最重，虫口密度最高，第二代次之，第三代最少。翌年5月上旬，枸杞现蕾时成虫羽化，5月下旬成虫大量出土，把卵产在幼果皮内，一般每果1卵，幼虫孵出后蛀食果肉，6月下旬至7月上旬幼虫老熟后，由果里钻出，落地入土化蛹。7月中下旬，羽化出2代成虫，8月下旬至9月上旬进入3代成虫盛期，后以3代幼虫化蛹，在土内5～10cm深处越冬。成虫寿命，雌虫平均14天，雄虫5.5天。卵及幼虫21.6天，蛹18.3天，一个世代需46.4天。

【防治方法】

（1）毒土处理法　初羽化成虫是一年中造成蛆果的主要原因，故应于成虫出土前加以消灭。具体方法是：4月下旬至5月初，在翻耕后的茨园，每亩用3%辛硫磷颗粒剂4～5kg，或14%毒死蜱颗粒剂2kg，或75%辛硫磷微胶囊剂1.5kg，拌细潮土50kg，均匀撒于园内土面（树冠下及园内较高处多撒些），然后浅耙使药土混合，有灌水条件的，在施药后及时灌水，使药均匀渗入土壤，形成药层，以提高药效。在6月底结合铲园除草，再用上述药剂进行一次毒土处理，以防治漏掉的第1代入土幼虫及土内初羽化成虫。

（2）树冠喷药防治　在5～8月枸杞生殖生长季节，结合防治蚜虫、瘿螨等，采用4.5%高效氯氰菊酯乳油1500～2000倍液，或20%丰收菊酯可湿性粉剂1000倍液等内吸性杀虫剂喷布树冠，以杀死在幼果内的幼虫，减少再危害虫源。

（3）人工摘除　在采果期，结合采果，摘取虫果，单独存放，并于当天集中深埋（15cm以下）或就地销毁。

3. 枸杞蛀果蛾*Phthorimaea* sp.

枸杞蛀果蛾属麦蛾科，主要以幼虫蛀害幼果和嫩梢，或黏缀于幼嫩新梢上，使嫩梢因蛀而萎蔫枯折，因黏缀成团使叶梢不能伸展而枯死。果实被蛀害后失去药用价值。

【形态特征】成虫：长5mm，淡赤褐色小蛾，前翅狭长，紫褐色，布有小黑斑，外缘及翅端亦有1小斑，较为显著，后翅灰色，缘毛黄白色。幼虫：长7mm，头、前盾板及胸足黑褐色，中胸背面淡色，两侧红色，后胸前、后缘红色，腹部有5条红色背线，臀板淡黄色。蛹：长5mm，赤褐色，触角及翅芽达腹部第6节，体侧密布微刺，背面光滑，腹端背面有1黑色突起，两侧共有刺钩6根，横列一排（图3-13）。

图3-13　枸杞蛀果蛾

【生活习性】一年3～4代，4月中下旬蛀害“七寸”枝或黏缀嫩梢，5月中下旬第1代成虫出现，6月次代幼虫蛀果，7月上旬第3代幼虫出现，7月下旬至8月上旬为此代幼虫蛀果期，是全年为害最重时期。幼虫脱果后在树皮缝结茧化蛹，8月底至9月上旬第3代成虫出现，第四代幼虫为害秋果及花蕾，10月中旬以老熟幼虫在树皮缝结茧越冬。

【防治方法】

（1）4月中旬用2.5%敌杀死乳油2000倍液，或20%杀灭菊酯乳油1500倍液，或10%灭百可乳油1500倍液，或2.5%功夫乳油1500倍液，或10%吡虫啉乳油1500倍液等药剂结合防治枸杞木虱等害虫进行树体喷布，消灭越冬后的老熟幼虫，以保“七寸”枝不被蛀害或黏缀，减少第1代幼虫为害基数。

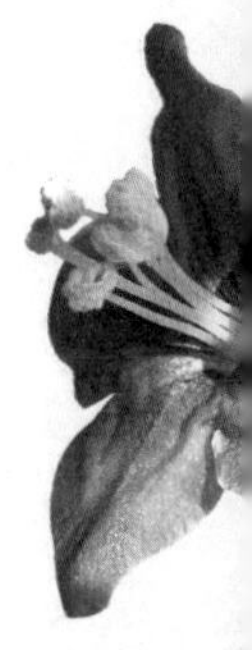

（2）在7月下旬至8月上旬是幼虫蛀果为害盛期，结合防治蚜虫、害螨，除采用上述药剂外，还可用30%啶虫脒乳油2500倍液，或70%艾美乐水分散剂7000倍液等进行喷药防治。从7月下旬至8月上旬，每15～20天1次，共1～2次。

（3）在10月中旬灌冬水前，结合消灭蚜虫卵、越冬成螨及木虱成虫可采用50%辛硫磷乳油700倍液，或99.8%敌死虫乳油300倍液，或40%毒死蜱1000倍液等进行园内喷药封闭，对树冠、树干及埂边等处均匀喷药，杀死准备越冬的各类害虫、害螨。

（五）食花、果类害虫

1. 枸杞蓟马*Psilothrips indicus* Bhafti

属缨翅目，蓟马科。

【形态特征】成虫：雌虫淡黄褐色，长1.5mm。头前尖突集眼黄绿色，触角8节，第二节膨大而色深，第六节最长，七、八节微小，三至七节有角状和叉状感觉器。前胸背面两侧各一群小点。前翅黄白色，具两条纵脉，翅基有一淡褐色斑，腹部黄褐色，背中央淡绿色。若虫：深黄色，背线淡色，体长约1mm。复眼红色。前胸背面两侧各有一群褐色小点，中胸两侧、后胸前侧角和中间两侧各有1个小褐点。第二腹节前缘左右各有1褐斑，第三节两侧、第五、六节和第八节两侧各1红斑，第七节两侧各2个红斑。（图3-14）。

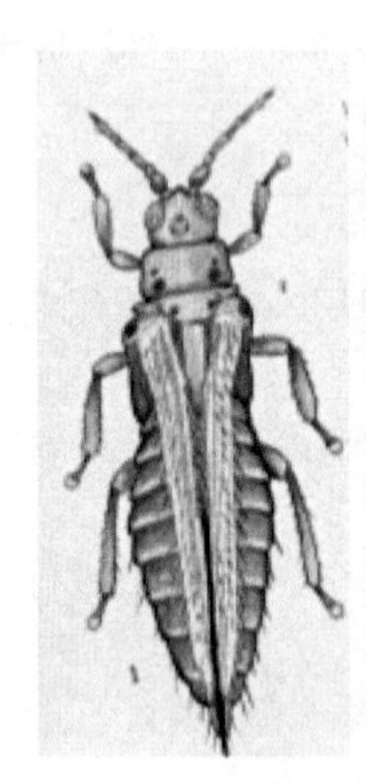

图3-14　枸杞蓟马

【危害症状】成、若虫均对枸杞构成危害，前期严重时虫体密布叶片背面，吸食汁液，造成细微的白色斑驳，叶背面密布黑褐色排泄物，被害叶片略呈纵向反卷，造成早期落叶，后期枸杞幼果形成后，开始迁移到果实上危害，口器刺破果实表皮，吸食果实内汁液，使果实难以正常膨大成熟，果实畸形，表面不光洁，着色不均匀，失去经济价值。

【发生规律】春季枸杞展叶后，群集于叶背为害，6～7月为害达盛期，以成虫在枯叶下等隐藏处越冬。枸杞蓟马的成虫和若虫危害叶片和果实，在叶上形成微细的白色斑驳，并排泄粪便呈黑色污点密布叶背，被害叶略呈纵向反卷，形成早期落叶；在果实上形成纵向不规则斑纹，晾晒后果实颜色发黑，严重影响果实的品质。

【防治方法】前期可结合枸杞防蚜采用2.5%扑虱蚜1500倍或10%吡虫啉1000～1500倍进行防治。6月下旬至7月可用1%苦参素1000倍加3%啶虫脒1500倍，或3%啶虫脒1500倍加4.5%高氯菊酯2000倍，或10%吡虫啉加2.5%来福灵2000倍进行防治。此虫虫体小，繁殖率高，发生快，发生量大，危害严重，建议两次防治的间隔期在12～15天，不能时间太长，以防暴发蔓延。也可借用枸杞蛀果蛾的防治方法。所用药剂还可用40%毒死蜱乳油800～1000倍液，或10%吡虫啉乳油1000～1500倍液，或70%艾美乐水分散剂乳油6000倍液。

二、枸杞主要病害发生规律及综合预防

（一）主要病害

枸杞病害中危害严重的主要有枸杞黑果病、枸杞根腐病、枸杞白粉病及枸杞流胶病，现分述如下。

1. 枸杞炭疽病（黑果病）

【病原菌】属真菌门（Eumycota Mycobionta），半知菌亚门（Deuteromycotina），黑盘孢目（Melanconiales），炭疽菌属（*Colletotrichum*），胶胞炭疽菌（*C. gloeosporioides* Penzg）

【危害症状】 主要危害枸杞青果、花、花蕾、叶等。枸杞青果染病初期在果面上生小黑点或不规则褐斑，遇连阴雨病斑不断扩大，2～3天蔓延全果，半果或整果变黑，俗称黑果病。气候干燥时，黑果缢缩，湿度大时，病果上长出很多橘红色胶状小点，即病原菌的分生孢子盘和分生孢子。花染病后，花瓣出现黑斑，逐渐变为黑花，子房干瘪，不能结实。花蕾染病后，表面出现黑斑，轻者成为畸形花，严重时成为黑蕾，不能开花。嫩枝、叶尖、叶缘染病产生褐色半圆形病斑，扩大后变黑，湿度大呈湿腐状，病部表面出现黏滴状橘红色小点。成熟果实染病后，加工成干果后出现黑色斑点，或成油果（图3-15）。

【发病规律】 初侵染源是树体和地面越冬的病残果，越冬菌态是病组织内的菌丝体和病残果上的分生孢子，病菌分生孢子主要借风、雨水传播，可多次侵染。病原菌发生的温度范围是15～35℃，最适宜温度是23～25℃；适宜湿度100%，当湿度低于75.6%时，病原菌孢子萌发受阻，干旱不利于病原菌的发病及流行。一般5月中旬至5月下旬开始发病，6月中旬至7月中旬为高峰期，遇连阴雨流行速度快，雨

图3-15　枸杞黑果病症状（枸杞炭疽病）

后4小时孢子萌发，遇大降雨时，2～3天内造成全园受害，常年可造成减产损失20%～30%，严重时可达80%，甚至绝收。

【防治方法】

（1）农业防治　加强管理，采取清园措施。结合冬剪或春剪彻底清除病果，将残果、枝叶集中园外烧毁，降低病原基数是综合防治的重要步骤。

（2）药剂防治　根据中长期气象预报做好准备。如果5、7月降水多，则按下述方法进行防治：①在植株发病前（约5月中旬）喷施保护剂，预先用下列方法配制的波尔多液预防：用90%的水溶解硫酸铜、10%的水溶解生石灰，将硫酸铜水溶液缓缓倒入石灰水溶液中，边倒边搅拌，用此法配制，反应始终在碱性条件下进行，生成碱式硫酸铜，胶体颗粒小，悬浮性好，喷布到植物表面形成的保护膜均匀，铜离子杀菌作用好。其他还有代森锌、代森铵、代森锰锌、井冈霉素、百菌清等。②连雨天后立即喷施内吸性杀菌剂，可用0.5%塞霉酮乳油800～1200倍液，或4%多抗霉素可湿性粉剂600倍液，或4%春雷霉素可湿性粉剂600倍液，或70%代森锌可湿性粉剂600倍液或配制的波尔多液等。一般7天左右1次，可喷2～3次。

2. 枸杞根腐病

【病原菌】 属真菌门（Eumycota），半知菌亚门（Deuteromycotina），瘤座孢目（Tuberculariales），瘤座孢科（Tuberculariaceae），镰刀菌属（*Fusarium*），尖孢镰刀菌（*F. oxysporum*）、茄类镰刀菌（*F. solani*）、同色镰刀菌（*F. concolor*）和串珠镰刀菌（*F. moniliforme*）。

【危害症状】主要为害根茎部和根部。发病初期产生不定形病斑，病部有泡状隆起，呈褐色至黑褐色，逐渐腐烂，后期外皮脱落，只剩下木质部，剖开病茎可见维管束褐变。夏季中午高温时，叶片萎蔫，早晚恢复正常。湿度大时，病部长出一层白色至粉红色丝状物，地上部叶片发黄或枝条萎缩，严重者部分枝条或全株枯萎死亡（图3-16）。

图3-16　枸杞根腐病症状

【发病规律】6月中下旬发生，7～8月严重。病原菌可以从伤口入侵，也可以直接入侵，潜育期20℃时，在寄主有创伤的情况下3～5天，无创伤时为19天。地势低洼积水、土壤黏重、耕作粗放易发病；多雨年份、光照不足、种植过密、修剪不当、白僵土土质、机械创伤发病重。

【防治方法】

（1）增强树势，提高植株抗病能力。平整土地，严防长期积水；精耕细作，避免造成根部伤口。增施有机肥如猪粪、人粪尿、鸡粪、堆肥、腐殖酸有机肥等，并进行氮、磷、钾合理配比施肥，不可偏施大量氮肥。另外，结合树冠喷药防虫，可以喷施氨基酸、磷酸二氢钾、十元素硼肥、锌肥、铁肥、钙肥等微量元素，以使树体营养平衡。

（2）对受害轻的树体应及时挖开根部土壤，找出受害部位，进行病斑刮除，集中销毁，然后用90%高锰酸钾500倍液，或根复特400倍液，或根多多200倍液，或50%代森锰锌可湿性粉剂400倍液等灌根。4龄以上的树，每株3～4kg药液。从5月初开始，每月1次，共2～3次。并结合增施有机肥，可以基本控制病情发展，逐渐恢复树势。对于发病严重的树体此法较差，只能将病树挖去，清除病树残体远离枸杞园，并用高锰酸钾1kg对挖出病树的坑穴进行土壤消毒，待来年补栽幼树。

3. 枸杞白粉病

【病原菌】 属真菌门（Eumycota），子囊菌亚门（Ascomycotina），白粉菌目（Erysiphales），节丝壳属（*Arthrocladiella*），多孢穆氏节丝壳（*A. mougeotii* var. *polysporae* Z. Y. Zhao）。

【危害症状】 枸杞叶片发病后，正反两面常生近圆形或不定形白色粉状霉斑，后扩散至整个叶片，被白粉覆盖；发病后期白粉渐变成淡灰色。危害严重时，引起叶片干枯，或早期脱落，果粒变的瘦小，造成减产（图3–17）。

图3–17　枸杞白粉病症状

【发病规律】病菌以闭囊壳随病组织在土表面及病枝梢的冬芽内越冬，翌年春季开始萌动，在枸杞开花及幼果期侵染引起发病，6月下旬至9月下旬发生，8~9月发生严重。感病后天气干燥、日夜温差大有利于此病的传播扩散。主要危害叶片，叶面覆满白色霉斑（初期）和粉斑（后期），严重时枸杞植株外现呈一片白色，终致叶片逐渐变黄，易脱落。

【防治方法】

（1）农业防治　合理密植，适时修剪，加强排水、通风、透光能力；增施有机肥，合理搭配氮磷钾肥，定时定量补充微量元素肥料，以增强植株抗病能力；秋季清园，集中烧毁园内残枝败叶，以减少来年菌源。

（2）药剂防治　在发病初期可用15%三唑酮可湿性粉剂800倍液，或50%硫悬浮200倍液，或40%苯醚甲环唑可湿性粉剂1200倍液，或70%代森锰锌可湿性粉剂600倍液，或1.5%恩泽霉水剂1200倍喷布树冠，每10天左右1次，连喷2~3次。如发病较重，可用15%粉锈宁可湿性粉剂600倍液，或20%三唑酮乳油800倍液，或1.5%恩泽霉水剂800倍液，或20%特谱唑可湿性粉剂1500~2000倍液等均匀喷布树冠加以控制，每7天左右1次，连喷3~4次，可以控制病害的继续扩展和蔓延，以达到防治的目的。

4. 枸杞流胶病

【病原菌】属真菌门（Eumycota），半知菌亚门（Deuteromycotina），从梗孢目（Moniliales），丝孢纲（Hyphomycetes），从梗孢科（Moniliaceae），头孢霉属（*Cephalosporium*）、镰袍霉属（*Fusarium*），及细菌（Bacteria）。

【危害症状】 主要发生在主干和主枝桠杈处。主干和主枝感病初期，病部稍肿胀，早春树液开始流动时，从病部流出半透明淡黄褐色黏稠树胶，尤其雨后流胶现象更为严重。流出的胶液与空气接触后逐渐变为红褐色呈胶冻状，干燥后变硬变脆。在流胶过程中遇到细菌感染，则流出的树胶变为淡黄色或黄褐色不透明的脓痰状黏稠物。人为和机械损伤、蛀干害虫蛀伤、冻伤或冰雹打伤造成的伤口易刺激树体流胶，栽培不当，如修剪过重、结果过多、施肥不合理、土壤黏重等原因引起生理失调，导致流胶病发生（图3-18）。

图3-18　枸杞流胶病症状

【发病规律】 该病全年都会发生，一般在4～10月，雨季特别是长期干旱后偶降暴雨，发病严重。流胶量以春、夏季树木生长旺盛期最大。机械损伤引起的流胶发生在树体的中、上部，冻伤造成的流胶多发生在树体上部，以南侧向阳较重；树龄大的枸杞流胶严重，幼龄树较轻；砂壤土栽培的枸杞流胶发病轻，黏重土壤流胶病易发生。病害发生严重时造成树皮龟裂以致形成溃疡，使树木枝干局部组织坏死，甚至导致枝干腐朽死亡。

【防治方法】

（1）选择适宜的园地。枸杞耐盐碱，但盐碱过大，或土壤黏性重，排水不良，地下水位高处，发病率高，故这样的土壤都不宜种植。一般选择含盐量在0.33%以下的砂壤土壤为好。

（2）培育壮苗，增强树势。

（3）加强栽培管理。增施有机肥，进行氮、磷、钾肥配比施肥，增强树势，在修剪过程中应用修枝剪修剪，不用手掰拉，并防止机械损伤等，避免造成伤口。合理施肥。枸杞对水肥敏感，为使肥料在土壤中充分腐熟及早发挥肥效，一般在10月下旬至11月中旬施各种腐熟的农家肥。

（4）合理修剪增强树势是抗病性的关键措施。一般4月植株萌芽后，新梢开始生长时进行春季修剪，主要是修剪枯枝及主干、中心干主枝、背上徒长枝等，5～8月强化夏季修剪，主要是修剪徒长枝、穿膛枝、中间枝、过密枝、病虫枝，以利培养新的结果枝，使秋果丰收。冬春季大剪后，对于较大的剪口，应涂抹834康复剂，或新盛绿源（人工树皮），或波尔多液，或治腐灵等保护剂，以防病菌侵入感染。

（5）当发现有轻度流胶时，将流胶部位用刀具刮除干净，然后使用“枝腐灵”原液或5倍液涂抹，治愈率达95%以上。

（6）消灭枝干虫害，进行田间作业及修剪时不要碰伤树皮。当发现有轻度流胶时，将流胶部位用刮刀刮除干净，用5波美度的石硫合剂涂刷伤口消毒，再用200倍的抗腐特涂抹伤口，治愈效果在70%左右。

（7）药剂防治。发病初期，将病斑胶液刮净，用70%农用链霉素15g加壳聚糖15g兑水1kg，或50%甲基托布津胶悬剂原液，或2%硫酸铜溶液涂抹伤口，涂抹后用塑料布捆扎伤口，30天后拆除即愈。对于较重的流胶病，在刮除伤口胶液后，可用70%农用链霉素1000倍加60%百菌通可湿性粉剂400倍液涂抹病部，一般7天左右1次，可涂抹3～5次，后用塑料布捆扎伤口，30天后拆除，此法疗效较好，利于伤口愈合。

5. 枸杞灰斑病

【病原菌】*Cercospora lycii* Ell. et Halst.，称枸杞尾孢，属半知菌亚门真菌。子实体生在叶背面，子座小，褐色；分生孢子梗褐色，3～7根簇生，顶端较狭且色浅，不分枝，正直或具膝状节0～4个，顶端近截形，孢痕明显，多隔膜，大小48～156μm×4～5.5μm；分生孢子无色透明，鞭形，直或稍弯，基部近截形，顶端尖或较尖，隔膜多，不明显，大小66～136μm×2～4μm。

【危害症状】又称枸杞叶斑病。主要为害叶片和果实。叶片染病初生圆形至近圆形病斑，大小2～4mm，病斑边缘褐色，中央灰白色，叶背常生有黑灰色霉状物。果实染病也产生类似的症状（图3-19）。

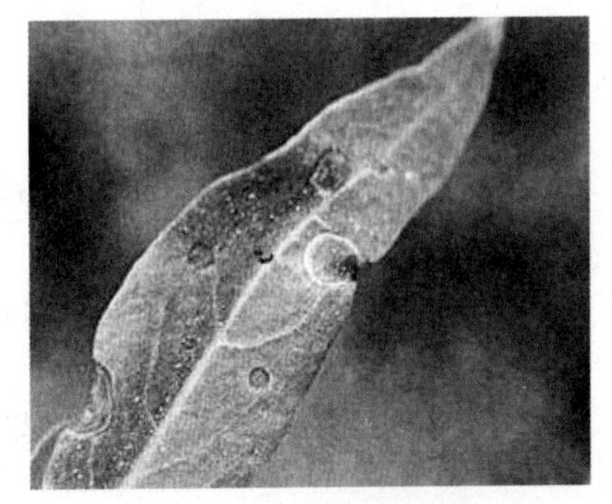

图3-19 枸杞灰斑病症状

【发病规律】病菌以菌丝体或分生孢子在枸杞的枯枝残叶或随病果遗落在土中越冬，翌年分生孢子借风雨传播进行初侵染和再侵染，扩大为害。高温多雨年份、土壤湿度大、空气潮湿、土壤缺肥、植株衰弱易发病。

【防治方法】

（1）选用枸杞良种。如宁杞1号。秋季落叶后及时清洁杞园，清除病叶和病果，集中深埋或烧毁，以减少菌源。

（2）加强栽培管理，提倡施用日本酵素菌沤制的堆肥，增施磷、钾肥，增强抗病力。

（3）进入6月开始喷洒70%代森锰锌可湿性粉剂500倍液，或75%百菌清可湿性粉剂600倍液、64%杀毒矾可湿性粉剂500倍液、30%绿得保悬浮剂400倍液，隔10天左右1次，连续防治2～3次。采收前7天停止用药。

6. 枸杞霉斑病

【病原菌】*Pseudocercospora chengtuensis*（Tai）Deighton.，称成都假尾孢，异名*ercosporachengtuensis* Tai属半知菌亚门真菌。分生孢子梗数枝至十多枝密集丛生，丝状，不分枝，橄榄褐色，长短不一，呈波浪状弯曲，末端钝圆，大小29～81μm×4.5～5.2μm；分生孢子圆柱形至倒棍棒形，直或弯曲，端部狭细，基部膨大而渐变尖削，“脐痕”明显，橄榄色，3～14个隔膜，大小29～110μm×4.4～5μm。病菌子实层生于叶背平铺，外观如丝绒状。

【危害症状】主要为害叶片。叶面现褪绿黄斑，背面现近圆形霉斑，边缘不变色，数个霉斑汇合成斑块，或霉斑密布致整个叶背覆满霉状物，终致全叶变黄或干枯，果实干瘪不堪食用。

【发病规律】 在我国北方以菌丝体和分生孢子丛在病叶上或随病残体遗落土中越冬，以分生孢子进行初侵染和再侵染，借气流和雨水溅射传播；南方田间枸杞终年种植的地区，病菌孢子辗转为害，无明显越冬期。温暖闷湿天气易发生流行。大叶和中叶枸杞细叶品种感病。

【防治方法】

（1）定期喷施植宝素、叶面宝等，促植株早生快发，可减轻受害。

（2）发病初期开始喷洒50%琥胶肥酸铜可湿性粉剂500倍液，或14%络氨铜水剂300倍液、0.5∶1∶100倍式波尔多液、70%甲基硫菌灵可湿性粉剂1000倍液加75%百菌清可湿性粉剂1000倍液、40%硫悬浮剂500倍液、50%速克灵可湿性粉剂1000～1500倍液、60%防霉宝超微粉600倍液，隔7～10天1次，连续防治3～4次。

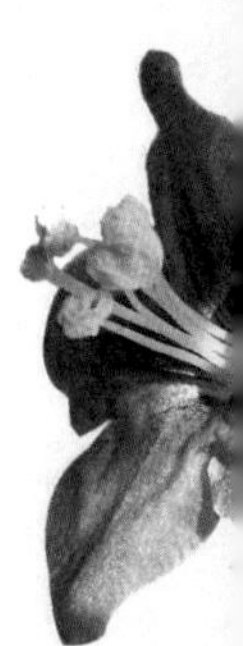

（二）枸杞病害综合防治

1. 防治原则

（1）遵循“预防为主、综合防治”的防治原则。

（2）以农业防治为基础，协调应用生物防治、物理防治和化学防治等措施对枸杞病害进行安全有效的防治。

2. 防治方法

（1）农业防治　①清园封园：于早春和晚秋清理枸杞园内被修剪下来的残、枯、病、虫枝条连同园地周围的枯草落叶，集中园外烧毁，消灭病原。②品种选择：选择适应性和抗病性强的优良品种，并严格选择健康苗木，苗木的质量指标应符合GB/

T 19116—2003之要求。③土壤耕作：早春土壤浅耕、中耕除草、挖坑施肥、灌水封闭和秋季翻晒园地，杀灭土层中携带病原菌的虫体等。④及时排灌：适量灌水，防止积水。灌水应在上午进行，以控制田间湿度，减少夜间果面结露。⑤整形修剪：参照GB/T 19116—2003中的10.1之要求进行，防止对枝干及根部组织造成损伤。⑥农事操作时，避免对植株根部组织的损伤。⑦发现根腐病株及时挖除，并将病株周围的土壤进行深翻暴晒或施入石灰消毒，必要时可换入新土，再补栽健株。

（2）药剂防治　防治枸杞主要病害有效药剂使用方法见表3-5。并严格执行GB 4285、GB/T 8321和NY/T 1276中的相关规定，严格掌握其浓度和用量、施用次数、施药方法和安全间隔期，并进行药剂的合理轮换使用。

表3-5　防治枸杞病害药剂使用方法

病害种类	防治时期	药剂名称	剂型及含量	每亩每次制剂施用量或稀释倍数（有效成分浓度）	每季最多使用次数	安全间隔期（天）	防治方法
炭疽病	下/5～上/10阴雨天之前1～2天及雨后24小时内	醚菌酯	50水分散粒剂	18.5ml/3000倍	2	7	发病初期每隔10天左右防治1次，连续防治2～3次
		嘧菌酯	25%水剂	5.55ml/5000倍	2		
		春雷霉素	2%水剂	2.22ml/1000倍	2		
		申嗪霉素	1%悬浮剂	0.74ml/1500倍	2		
		多抗霉素	1.5%可湿性粉剂	1.67ml/1000倍	2		
		农抗120	2%水剂	11ml/200倍	2		
		苯醚甲环唑	10%水分散粒剂	5.55ml/2000倍	2		
		百菌清	75%可湿性粉剂	104ml/800倍	2		
		石硫合剂	45%结晶	200g/250倍	2		
		代森锰锌	80%可湿性粉剂	177.6ml/500倍	2		

续表

病害种类	防治时期	药剂名称	剂型及含量	每亩每次制剂施用量或稀释倍数（有效成分浓度）	每季最多使用次数	安全间隔期（天）	防治方法
白粉病	7～9月	三唑酮	15%可湿性粉剂	16.65ml/1000倍	2	7	
		腈菌唑	12%乳油	5.33ml/2500倍	2		
		己唑醇	25%悬浮剂	3.7ml/7500倍	2		
		丙环唑	25%乳油	13.88ml/2000倍	2		
		甲基硫菌灵	36%悬浮剂	26.64ml/1500倍	2		
		硫黄	50%悬浮剂	185ml/300倍	2		
根腐病	根茎处有轻微脱皮病斑	石硫合剂	45%结晶	200g/250倍	2	7	灌根，5～10升/株，从5月开始，每月1次，共2～3次
		代森锰锌	80%可湿性粉剂	177.6ml/500倍	2		
		多菌灵	50%悬浮剂	400倍	2		
流胶病	枝、干皮层破裂	石硫合剂	45%结晶	200g/250倍	3	7	将胶液刮净，用药剂涂抹伤口，7天1次，涂抹3～5次
		多菌灵	50%悬浮剂	277.5ml/200倍	3		
		甲基托布津	50%悬浮剂	277.5ml/200倍	3		
		百菌清	75%可湿性粉剂	166.5ml/500倍	2		

三、枸杞园病虫害综合防治技术

枸杞病虫害防治是枸杞生产管理的主要内容之一。枸杞产量的高低、质量的好坏，虽然与品种、肥料关系密切，要实现安全、优质、高产的目的，关键取决于病虫害防治的水平。枸杞病虫害种类多，虫体小，发生期长，危害重，防治难度大。就目前枸杞病虫害防治情况来讲，完全不用化学农药防治病虫害不现实，一旦停止用药，病虫害就会猖獗，造成枸杞极大的损失。所以，要综合利用农业、生物和物理防治技术，只有当生物防治、物理防治、农业手段在枸杞病虫害猖獗时，无法完全奏效的情况下，可以考虑选用一些高效低毒低残留的化学农药。但必须做到农药残留不超标，同时，严格掌握用药时间、浓度和次数，有针对性地在危害严重时进行喷施，并最好与生物农药交替使用，尽量减少化学农药的用药量，将病虫害控制在经济损失允许范围之内。

（一）农业防治

枸杞病虫害的消长一方面有自身的内在特性，另一方面与环境条件、耕作措施有着密切的关系，直接或间接影响病虫害的发生、发展，探索枸杞栽培管理与病虫害发生消长的关系，就要能在丰产、稳产、优质的前提下，改善环境，减少病虫害的发生与蔓延，达到无害化病虫害防治的目的。

1. 选择抗性品种

由于枸杞各个品种对某一种或几种害虫害螨、病害抗性区别很大，如宁杞1号对蚜虫、木虱、瘿螨、锈螨、黑果病有一定的抗性，对枸杞根腐病、流胶病高抗；宁杞4号对蚜虫、木虱有一定抗性，并且耐锈螨能力强，对根腐病、流胶病、白粉病有一定抗性；宁杞3号对蚜虫、木虱有一定抗性，但易感根腐病、瘿螨，又不耐药，在生产上无法大面积推广。因此，大面积生产在考虑产量品质性状的基础上，必须考虑各个品种的抗病虫害的能力和对环境的适应性。

2. 无害化苗木栽植

枸杞苗木是枸杞生产的物质基础，苗木的优劣，苗木携带病菌、虫卵与否是新栽植区丰产优质的关键因素，因此要建立优良的苗木培育基地，生产的苗木要进行杀菌灭虫处理，远距离种植要进行严格的苗木检疫，这些都是减少大面积枸杞生产病虫害基数的有力手段。

3. 栽培管理技术措施

（1）基地选择与规划　生产基地必须选择pH值7～9，有机质含量≥1%，含盐量≤0.3%，地下水位≤1m，土壤质地肥沃，团粒结构好的砂质壤土、轻壤土、壤土地。以防土壤过于瘠薄，保水保肥、供水供肥能力差，养分水分流失严重，造成阶段性营养亏缺，造成树势衰弱，抗病虫能力变差，引发病虫害的发生漫延；以防地下水位太高，雨季积水，高温高湿，造成根系呼吸受阻，诱发根腐病、黑果病等。

（2）合理密植　避免密度过大，互相遮阴，通风透光不良，给病虫害创造适合生存的环境条件，造成病虫害的大量发生。因此枸杞栽植密度根据多年来的实践经验，人工作业园一般采用株行距1m×2m或1.5m×2.0m，亩植220～330株，机械作业园采用1.0～1.2m×3.0m或1.2m×2.8m，亩植200～220株比较合理，在修剪水平高的情况下，通透性好，能够减少病虫害的大量发生。

（3）加强中耕除草　合理的中耕除草，可以提高土壤肥力，积蓄土壤水分和养分，改善土壤环境，灭除杂草，减少多寄主性害虫（如蚜虫、木虱、茄红蜘蛛、叶螨）、土壤害虫（如危害枸杞根系的蛴螬、蝼蛄、金针虫、地老虎、根蝇、根结线虫等）和某一时期必须在土壤中的害虫（如枸杞实蝇、红瘿蚊、负泥虫、蓟马，必须在土壤中作蚕化蛹）等，以达到控害保产的目的。因此要掌握不同害虫的发生发育规律，结合枸杞生育期进行耕作，改善土壤耕作措施，深翻、暴晒、埋压等都可以减少病虫害越冬存活基数，减少害虫中间寄主，达到病虫害防治的目的。

（4）合理施肥　能够提高土壤肥力，促进树体生长，增强树体免疫力，提高树体抗病虫能力，提高产量，改善品质。如果施肥不当就会造成很多弊端，诱发各种病虫害。如大量施用氮肥，造成树体枝叶过于繁茂，通风透光不良，枝条纤维质速度慢，幼嫩时间长，汁液多，给病虫害创造了适应的场所和食料，如蚜虫、木虱、瘿螨、黑果病就会大量发生。相反如果合理施入一定量的硅钙镁钾肥就会抑制害虫和病菌的侵袭。因此要根据枸杞的生长发育规律，注意合理施肥，增施有机肥，强化氮、磷、钾肥的合理搭配，微量元素肥料的补充，特殊营养元素的补给，对于发生缺素症的枸杞园要注意所缺元素的及时补充，以免树势衰弱，诱发各种病虫害。

（5）合理灌水　枸杞的灌水要根据枸杞的需水规律、天气状况、降水等采取相应的措施，在满足枸杞生长发育需水的情况下，尽量保持地表干燥，灌水时尽量浅灌，有条件的可以滴灌、沟灌、膜下灌，地表不能长时间积水，低洼地要及时排涝，以免水分过多，湿度过大，诱发各种病虫害的大量发生。

（6）合理修剪　合理修剪改善枸杞树个体与群体、个体与个体之间的通风透光能力，并使树体合理负载，做到树体内各个枝条养分合理分配，增强抗病虫能力，在冬季修剪时，一定要剪除病虫枝，振落病虫为害的叶片、花蕾、果实，对园地表面及时清理；夏季修剪时，对徒长枝要及时疏除和摘心，以防幼嫩部分大量繁殖蚜虫和瘿螨。总之，通过合理修剪能改善小气候环境，减少病虫害的大量发生。

总之，通过选择抗性品种，使用无毒种苗，合理中耕除草，翻晒园地，合理密植，施肥灌水，修剪整枝摘心，混种驱虫作物等农业措施来调节枸杞园小气候的光温热湿，根据枸杞生长发育规律及害虫的发生发展态势，利用不同时期不同种类的肥料进行营养调控，达到消灭病虫源，恶化营养繁殖条件，改善病虫害与寄主的物候关系，切断食物链，控制病虫害蔓延，达到降低危害损失的目的。

（二）物理防治措施

物理措施是根据害虫的趋光性、趋色性、趋气性、群居性、假死性等生活习性采取相应办法来杀灭害虫，减少为害的一种措施。

1. 人工捕杀

对有群集性、假死性、个体大的害虫，发生规模不大，面积集中或为害猖獗时，适用于人工捕杀。如中华大黑腮金龟、云纹金龟子、蚕豆蟢象、枸杞红长蟢等利用假死性于早晨、下午振落、捡拾集中捕杀。

2. 诱杀法

利用害虫的趋性，设置诱虫器或其他诱杀物，诱集捕杀害虫。

（1）灯光诱杀　鳞翅目中的蛾类、螟类和半翅目、鞘翅目、直翅目、同翅目、缨翅目害虫，大都具有趋光性，设置诱虫灯，可杀灭害虫。

①黑光灯诱杀：黑灯能发出波长360mm左右的紫外线光源，许多害虫的视觉神经都对波长330～400mm的紫外线特别敏感，具有最大的趋光性，因而诱杀效果很好。黑光灯能诱集15目100多科几百种害虫，且大多数是未产卵的雌虫，能消灭

大量虫源，达到降低下代虫口密度的显著效果。此法诱集面积大、成本低，一个黑光灯可诱杀50～60亩范围内的害虫。一般闷热天，无风的夜晚诱集的种类多、数量大，风天、雨天气温下降诱集的种类和数量少，每晚以19～21时诱集量大，21时逐渐减少，0点关灯节省用电，大部分害虫撞击后滑入漏斗，但有的落在附近枸杞树上，造成虫口密度增大受害严重，黑光灯一般设在枸杞园周围的空地或园地附近的地方。

②多频振式杀虫灯诱杀：多频振式杀虫灯可诱杀87科1287种害虫，主要有鳞翅目、鞘翅目、半翅目、直翅目害虫，诱杀效果明显，大幅度降低卵量，减少了虫口基数，从而减轻了化学农药的施用和农药残留，有利于保持田间生态平衡，达到无公害、绿色食品标准，为枸杞产品质量安全提供有效保障，为农业增产、农民增收开辟了新的途径。

③高压电网灭虫器诱杀：高压电网灭虫器是灯光诱杀与高压电网杀虫两者结合的新型电力杀虫工具，机制是利用灯光把害虫诱入高压电网有效电场内，害虫在电网周围飞舞旋转，触及电网时，被电网瞬间产生的高压电弧所击毙。

（2）毒饵诱杀　利用害虫的趋化、趋气味性，在其所嗜好的食物中掺入适当的毒剂制成毒饵。如防治蝼蛄、蛴螬、地老虎，一般用麦麸、谷糠、油饼炒熟作饵料，拌入敌百虫做毒饵；诱杀鳞翅目害虫时用6份糖、2～3份醋、1份酒加10～15份水，加适量敌百虫做毒饵；同翅目、双翅目、直翅目、脉翅目害虫，用烂水果、酒加入吡虫啉或啶虫脒杀灭。

（3）色板诱杀　蚜虫、木虱、蓟马、斑潜蝇等小体害虫发生普遍，繁殖速度快，抗药性强，为害严重，而且传播植物病毒，造成更为严重的损失，施药防治往往效果不佳，并造成农产品污染，不利于无公害、绿色食品枸杞生产，而利用这些害虫对不同颜色的趋性，采用不同颜色的捕虫板，则能获得良好的防治效果，如蓟马使用蓝色捕虫板，蚜虫使用白色捕虫板，木虱、斑潜蝇使用黄色捕虫板。

3. 趋避法

利用害虫对某种气味的嗜好性与厌恶性，在所防治的田块释放驱避剂，以驱避某些害虫或用引诱剂诱杀某些害虫，使其错过交配时机达到减少害虫数量的目的。

（三）生物防治

生物防治是利用有益生物及其代谢产物来控制病虫害的方法，生物防治的特点是对人、畜、植物安全，对害虫有长期抑制作用。大多数有益生物可以人工培养繁殖，但易受自然条件限制，人工培养及使用技术要求比较严格，有时效果不像化学药剂那样迅速和明显。生物防治可分为以虫治虫、以菌治虫、以病毒治虫、以植物治虫、以鸟治虫、以蛛螨类治虫、以激素治虫、以昆虫不孕不育剂治虫、以菌治病、以生物制剂治虫治病除草等。

（四）化学防治

1. 强化病虫害预测预报职能，指导病虫害及时防治

根据各枸杞产区的布局特点，建立病虫害测报体系，对病虫害发生发展规律进行系统调查记载，结合气象资料进行相关分析，根据病虫害分布状况、发生种类、

发生程度、危害部位、损失情况确定防治指标，制定防治方案，发布防治信息及时指导防治。

2. 狠抓关键时期的综合防治

（1）休眠期（11月～3月底）的综合防治　首先在2～3月振落树上的残病果、叶连同园中杂草及埂边萌蘖苗、修剪下来的弃枝带出园外集中烧毁。第二，在3月下旬用3～5波美度的自制石硫合剂，或28%强力清园剂1500倍，或40%石硫合剂100～150倍加入噻嗪酮1000倍对树冠、地面、田边、田间、埂边杂草进行全面喷雾封闭，有明显降低病菌、虫卵越冬基数的作用。

（2）病虫害初发期（4～5月）的综合防治　首先，及时抹芽，清除徒长枝，对二混枝进行摘心处理，以防蚜虫在嫩梢上大量繁殖为害。其次，在上年度枸杞红瘿蚊发生重的枸杞园，抓好土壤施药，地面封闭工作，每亩用1.5%辛硫磷4～5kg，14%毒死蜱2kg或10%吡虫啉0.5kg拌土150kg撒入土中灌水封闭或盖地膜。第三，在4～5月每亩放置40cm×60cm白色、黄色杀虫板各4～5块进行诱杀。第四，用1.8%益梨克虱3000倍加10%吡虫啉1500倍防治螨类木虱、蚜虫。

（3）病虫害盛发期（6～7月）的综合防治　此期枸杞处在生长结果旺盛成熟时期，各种病虫害种类多，虫态复杂。抓住主要病虫害，如蚜虫、木虱、蓟马、瘿螨、锈螨、黑果病兼顾蛀果蛾、菜青虫、云纹金龟子、负泥虫、盲蝽等的防治。以蚜虫为主兼防其他害虫、螨类、黑果病，用①3%啶虫脒2000倍加34%哒螨灵2000倍、1.5%噻霉酮600倍；②0.5%塞德1500倍加双甲脒1500倍、丙烷脒1000倍；③1%苦参素1000

倍加1.8%益梨克虱3000倍、纳米欣1200倍；④10%吡虫啉1500倍加益梨克虱3000倍、硫悬浮剂150倍，另外防治蚜虫、木虱、螨类及其他害虫、病害较好的药剂有艾美乐、绿色通、康复多、高氯菊酯、三氟氯氢菊酯，烟碱、楝素、藜芦碱、Bt。防治螨类的有螨死净、浏阳霉素、阿维菌素、华日霉素。杀菌剂有金力士、世高、农抗120、新植霉素、井冈霉素、多抗霉素、春雷霉素、农用青霉素、农用链霉素、丙烷脒等。

（4）秋果期（8～10月）病虫害综合防治　此期主要病虫害有蚜虫、木虱、瘿螨、锈螨、黑果病、白粉病。用10%黑打2000倍加1.8%益梨克虱3000倍、28%速霸螨2500倍、5%多抗霉素600倍进行喷雾。此时红瘿蚊、实蝇、斑潜蝇若有发生可结合树冠喷施3%阿尔发特2500～3000倍或三氟氯氰菊酯2000倍。

3. 做好统防统治，控制病虫害交叉迁飞感染

在枸杞主产区，成立完善统防队伍，根据病虫害测报结果，按照防治对象防治指标，针对某一时期主要病虫害发生的种类、虫态、轻重程度，兼顾次要病虫害，制定统一的统防统治方案，做到统一药剂、统一浓度剂量、统一器械、统一人员、统一喷防时间进行连片集中防治。以起到减少喷药次数，防止由于零散防治容易发生迁飞、交叉感染，影响持效期，达到生产出优质安全可控的无公害绿色枸杞产品的目的。

4. 化学防治遵循的基本原则

（1）对症下药　各种药剂都有一定的防治范围和对象，即使广谱性农药，也不是对任何一种病虫害防治都有效，由于枸杞病虫害种类较多，不同种类对农药的反应各不相同。如杀虫剂中的胃毒剂对咀嚼式口器害虫有效，对刺吸式口器的害虫效果差。因此，在施药前，要弄清靶标的特性，选择适宜的农药，切实做到对症下药。蚜虫、木虱、螨类均属刺吸式口器的害虫，应选择内吸性强，渗透力强，有熏蒸、触杀多种作用的药剂，如塞德、苦参素、藜芦碱、啶虫脒、吡虫啉等。

（2）适时用药　要掌握病虫害防治的关键时机，在预测预报的基础上，确切了解病虫发生发展的动态，抓住薄弱环节、重点环节，如休眠期、虫螨出蛰期、虫体裸露期、转移危害期、繁殖高峰前期、病害初发期，做到治早、治小，这样才能达到理想的效果。同时要考虑到施药当时的气候条件及枸杞的发育阶段，不能打保险药，也不能放任发展，自由蔓延。

（3）轮换用药　大量事实表明，长期使用一种农药防治一种害虫或病害，易使害虫或病菌产生抗药性，降低防治效果。一种害虫或病菌抵抗一种药剂，往往对同一类型的其他药剂也有抗性。但不同类型的药剂由于对害虫或病菌的作用机制不同，害虫和病菌就不表现抗药性。因此，经常轮换使用几种不同类型的农药，是降低害虫或病菌产生抗药性的有效措施。

（4）混合用药　在某一时期出现多种害虫或某一害虫的多种虫态时，将两种或两种以上对害虫或病菌具有不同作用机制的农药混合使用，可以兼治几种病虫或某一种害虫的多种虫态，这是扩大防治对象，提高药效，降低毒性，抓住防治时机，减少喷药次数，节省劳力的有效措施，但混合用药一定要遵循“无不良反应，有增效作用，有兼治作用，不增加毒性，不产生药害，不提高成本”的原则，否则不能混合。

第十节　枸杞的采收与产地加工

采收是指成熟的枸杞果实经人工分批分期一粒一粒从树上采摘的过程。由于枸杞果实是浆果，在未制干前怕压、怕捏。采早了果粒小，内含物少，产量低，质量差；采晚了糖分酸化，油果、炭果、霉果、裂果多，也影响质量。因此适时采收是确保枸杞果实质量和提高商品价值的重要措施之一。枸杞采果期一般自6月初开始至11月中旬结束，历时近5个月。

（一）成熟度的判定

果实成熟分为青果期、色变期、成熟期3个阶段。

1. 青果期

子房膨大到变色前需时22～29天。

2. 色变期

果实颜色从浓绿、淡绿、淡黄到黄红色的过程，此期需时较短一般为3～5天，果实大小变化不太明显。

3. 红熟期

果实由黄红至鲜红色，需时1～3天。此期果实体积迅速膨大，如果此期气温高则变色快，体积增大快；如果气温低则变色慢，体积增大也慢。果熟期采早、采晚都会影响枸杞质量，采摘过早，果实膨大不够，产量低，商品出成率低；采摘过晚，制干过程中褐变加重，油果、炭果、霉果多。当果实色泽鲜红、果实表面光亮、质地变软富有弹性、果实空心度大、果肉增厚、果蒂松动、果实与果柄易分离、果实口感变甜、种子由白变为浅黄、种皮骨质化时，糖分和维生素含量达到最高，具有较高的药用和食用价值，应及时采收。

（二）采收间隔期

采摘间隔期的长短主要受气温的影响，气温高则间隔期短，气温低则间隔期长。采摘初期一般是6月上中旬，气候温和，间隔期7～8天；采摘盛期为盛夏酷暑季节，气温高，成熟快，间隔期5～6天；采摘后期正值秋季，气温渐降，间隔期8～12天。

（三）采收方法

枸杞是肉质浆果，容易捏烂，采果时要轻采、轻拿、轻放，果筐盛果不宜太多，一般5～7kg为宜，以免把下层果实压烂。采收时在不损伤果实的情况下，最好不带果把，更不能采下青果和叶片。

（四）采收人员的组织

枸杞鲜果果实小，一般一粒鲜果不足1g，采收时一粒一粒采摘，费人费时，并且果实成熟的数量，成熟的快慢不均匀。一个采摘工初期可采15～20kg，盛期30～40kg，后期10～25kg。为了保证丰产、丰收，生产者在计划发展枸杞时，必须做好采摘用工计划，及时根据不同时期调整采摘用工，确保按时采收，保证产量和质量，提高整体经济效益。

（五）采收注意事项

（1）雨后或早晨露水未干时不宜马上采果，以免在制干过程中引起霉烂色变。

（2）未到喷药安全间隔期不采，以免制干后农药残留超标，达不到安全质量标准。

（3）不能用农药容器盛装鲜果，以免鲜果受农药二次污染，造成干果农药残留超标。

（六）制干

制干是枸杞鲜果脱水变为干果的过程。制干水平的高低，直接影响枸杞的质量和商品出成率。制干方法一般分为自然晾晒和设施制干。

1. 鲜果脱蜡

枸杞鲜果表面含有一层蜡质层。这层蜡质层保护着果肉。脱蜡的第一种方法是：在鲜果中，直接加入鲜果数量的0.2%食用碱精，拌匀，闷放20～30分钟之后，再铺在果栈上晾晒。第二种方法是：将食用碱精溶解在清水中，配成2.5%～3%的碱溶液，将采回的鲜果放入溶液中，浸泡半分钟左右，捞出后，铺在果栈上，再进行制干。破坏枸杞表皮蜡质层，促进果内水分散发，以便缩短晾晒时间。

也可用冷浸制干液浸渍30～60秒之后铺在果栈上。浸渍液的配制：氢氧化钾30g加95%的乙醇300ml，充分溶解后加芥子油、葵花油185ml（边搅边加），呈乳白色皂化液后，再另取50L水加碳酸钾1.25kg搅匀，将皂化液置入碳酸钾溶液中即为冷浸液。

2. 自然晾干

（1）晾晒场地和果栈准备　一般成龄期高产枸杞园每亩需晾晒场地60m^2。晾晒场地要求地面平坦，空旷通风，卫生条件好。果栈一般用长1.8～2m，宽0.9～1.2m的木框，中间为竹帘或笈笈帘果栈用铁钉钉制而成，每亩设置果栈30个左右。

（2）晾晒　将脱蜡后的鲜果铺在果栈上，厚度2～3cm，晾晒期间如遇晚间无风或阴雨天，要及时把果栈起垛遮盖，以防雨水、露水湿润枸杞而霉变或变黑。在果实未干燥前不能用手翻动晾晒的果实，如遇阴雨发霉非翻不可，只能用小棍人工从栈底进行拍打翻动，使果粒松散，加快干燥。自然晾晒的快慢与气温高低、太阳辐射的强弱和辐射的时间长短、空气湿度大小有关，制干一般需5～10天。

3. 设施制干

自然制干虽然设备简单，成本低，但制干时间长，费工费力，果实制干后颜色整齐度差，遇阴雨天霉变现象严重，影响下期采收，从而造成较大损失。另外，自然制干卫生无法保证，易出现二次污染，影响产品质量。目前的制干设备主要有：太阳能弓棚烘干，热风烘道烘干以及各种热风烘干设备烘干。

（1）太阳能弓棚烘干　这种方法就是用塑料薄膜，搭建成吸收太阳能的弓式烘干室，枸杞鲜果脱蜡后，铺放在弓棚内晾晒烘干。在弓棚出入口设置通风扇和排风扇。顶棚吸收太阳热能，使设施内温度增高，弓棚内枸杞鲜果的水分加大了蒸发量。出口排出枸杞果实蒸发的湿气，入口用风扇通风。太阳能制干一般干燥时间为3～5天，达到了缩短制干时间的目的。

（2）热风烘干　热风干燥是目前枸杞制干的主要方法之一，干燥设备主体由热源、风机、干燥室构成。热源通常有燃煤、天然气、太阳能、空气热泵等。热风烘干原理：装载物料的烘干车被推入烘干室内后，由循环风机将加热室内供热设备产生的干净热风引入烘干室，穿过物料层进行热质交换，实现对物料的烘干；而后吸收物料中的水分的潮湿空气从下方回风口又进入加热室加热，并不断重复上述过程。待干燥空气的相对湿度达到一定程度后经排湿口排出部分湿空气，同时补充部分新鲜空气，使空气具有持续的干燥能力。智能干燥控制器可按照设定好物料干燥所需的干球和湿球温度以及对应各阶段的时间，从而自动控制鼓风机的启停、风门的开关，实现升温、保温、进风和排湿等各种功能，完成物料的干燥。

4. 枸杞二次烘干

枸杞干果初加工时，要检测枸杞含水量是否达到13%以下的标准含水量，如达不到标准，就要采取二次烘干。二次烘干设备还是沿用前面提到的烘干设备烘干，只是时间短了。

5. 脱把去杂

果实制干后应及时脱柄去杂，以防回潮不易脱柄。方法是将干燥的果实装入长1.8m、宽0.5m的布袋中，有两人来回拉动，再往地上摔打，使果柄和果实分离后倒入风车，扬去果柄、叶片等杂质。对于大规模经营者来说，可采用脱柄机脱柄，而后将脱柄后的果实倒入风车扬去果柄和杂质。

第十一节　枸杞的包装、储存、运输

（一）分级

枸杞果实制干后，生产者一般以混等枸杞出售，而经销商出售要进行拣选、分级和包装。

1. 分级标准

根据GB/T 18672—2014标准将枸杞果实分为四级：特优、特级、甲级和乙级。

2. 分级方法

根据果实大小，用不同孔径的分果筛进行分级。用色选机拣选或人工拣选。

3. 去杂

（1）色选机拣选　枸杞色选机利用光电原理，通过计算机分析枸杞干果外表色泽，再通过色泽识别，将其中的霉果、黑果、油果、青果等分选出来。该机由主机和辅助设备组成，主机包括上料系统、识别系统、吹打系统、加热系统和操作系统；辅助系统由空气压缩机、储气罐和冷冻室空气干燥器组成。该机在实施拣选前，先设置好识别程序，在枸杞果实通过识别系统时，识别装置可按程序要求，将各类果实分离，达到分离的拣选的目的。

（2）人工拣选　对于有特殊要求或比较高档的枸杞还须用人工进行二次拣选，二次拣选应当在无菌操作车间进行，拣选人员应当穿戴工作服、工作帽、手套、鞋套等防菌设备，在工作台上拣选果实中的油粒、霉变粒、破损粒等不合格枸杞。

（二）杀菌

分级拣选后的枸杞干果须经杀菌处理，才能包装入库。杀菌常用方法有：紫外线灯照射杀菌、辐照杀菌。

（三）包装

果实经过去杂分级后，内销果实用纸箱或木箱包装，其技术要求符合NY/T 658—2002《绿色食品包装通用准则》的规定。目前，枸杞的包装主要有批量包装、精小包装和真空包装。此外，需积极开展铝铂包装和出口产品包装。

（1）批量包装　内销果实用纸箱包装，每箱净重20～25kg，箱内先放防潮衬垫，内包装材料应新鲜洁净，无异味，且不含对枸杞果实品质造成影响和污染的成分。同一包装件中果实的等级差异不得超过10%，各包装件的枸杞在大小、色泽等方面应代表整批次的质量。

（2）精小包装　铝箔袋装：将分等定级后的枸杞装入100～500g相对应等级的铝箔袋内，进行定量装袋，由人工或机械分装，使用封口机封口，封口时打印生产日期，生产日期以装袋日期为准，装箱、入库、销售。

（3）真空包装　将分等定级枸杞装入15～30g相对应等级的小铝箔袋内，进行定量装袋，由人工或机械分装，然后放入真空包装机内抽成真空，封口，装入铁盒或大的铝箔袋内，封口，打印生产日期，装箱、入库、销售。

（四）保管

枸杞的保管涉及生产出来以后到消费以前的整个过程。其技术要求符合NY/T

1056—2006《绿色食品贮藏运输准则》的规定。仓库应具有防虫、防鼠、防鸟的功能。仓库要定期清理、消毒和通风换气，保持洁净卫生。优先使用物理或机械的方法进行消毒，消毒剂的使用应符合NY/T 393和NY/T 472的规定。不应与非绿色食品混放，不应和有毒、有害、有异味、易污染物品同库存放。工作人员应定期进行健康检查。在保管期间如果水分达不到制干含水量（13%以下），或包装袋打开没有及时封口、包装物破碎，很容易导致枸杞吸收空气中的水分，发生返潮、结块、褐变、生虫等现象，要经常检查，一旦发现有上述状况发生必须采取相应的措施。积极开发低温冷藏技术及设备，对成品枸杞进行工厂化低温冷藏。

第4章

枸杞特色适宜技术

一、枸杞的套种技术

枸杞新栽后，要实现早产和丰产，在定植后的1～2年内枸杞行内还有一定土地空闲，尤其是定植后的第一年。合理的套种不但是栽植当年增加收入的途径，更主要的是通过套种增加了水肥投入，对幼龄期枸杞的生长发育，枸杞的早产丰产效果显著。各种套种模式主要有以下几种。

1. 枸杞套种豆类

枸杞株行距1m×2m，在枸杞行内距枸杞行60cm以外套种大豆两行，大豆的两行带宽40～50cm。这种套种方式，除收获一定数量的大豆外，因为根瘤菌的固氮作用可以培肥地力，使第二年和今后枸杞的产量上升快。套种豆类要求生育期不能超过90天（图4–1）。

图4–1　枸杞行间套种大豆

2. 枸杞套种瓜类

枸杞株行距1m×2m，分套种西瓜和套种甜瓜两种，在枸杞行间整板覆膜，套种西瓜两行或套种甜瓜三行。新栽枸杞套种瓜类，瓜类属蔓生植物，对枸杞空间光照不影响，在枸杞生长前期，水肥管理基本一致，瓜类生长期，正是枸杞成枝、成花需水需肥高峰期，二者共生，充分利用空间水肥互补，是幼龄枸杞早期丰产栽培的一种套种方式。

3. 枸杞套种水萝卜、大蒜和甘蓝

枸杞株行距1m×2m，在枸杞行间套种水萝卜、大蒜和甘蓝。这项套种技术的潜力是充分利用不同作物的生育期进行套种，主套作物甘蓝。枸杞行间套种两行甘蓝，甘蓝行距枸杞行80cm，甘蓝要求生育期为80天，甘蓝行内套种大蒜1行，在甘蓝行与枸杞行之间套种水萝卜一行。即枸杞行间套种大蒜一行，水萝卜一行，甘蓝两行。这种套种模式，套种作物当年经济效益好，对枸杞生长也有促进作用。

4. 枸杞套育枸杞苗木

枸杞株行距1m×2m，在枸杞行内套育枸杞硬枝扦插苗1～2行。育苗行距枸杞行0.8m，每亩扦插插穗3900～4000根。套种当年，培育出的苗木多为特级苗和一级苗。实验证实，这些特级苗和一级苗当年每株可生产出200～250g优质鲜果。枸杞行间套育枸杞硬枝苗木的模式，除第二年为市场提供一定量的优质苗木外，对早期枸杞丰产效果十分显著（图4–2）。

图4–2　枸杞行间套育枸杞苗

二、枸杞直插建园技术

直插建园是按照已确定的株行距，用枸杞优良品种插穗直接定植在大田建园的一项新技术。这项技术具有投资少，能弥补建园苗木短缺，定植插穗数量多，当年结果的株数多，产量高，易培养优质高产树形，易进行品种提纯复壮。是一项适合大面积推广的早产丰产实用技术。此项技术缺点是技术环节多，技术要求高。在建园时注意抓好以下环节。

1. 选地

直插建园用地要选择地势平坦，土层深厚，土壤肥沃，熟化程度高的砂质壤土或轻壤土，并且要求多年生杂草少，地下害虫少，排灌方便。地下水位高，土质黏重或土壤熟化程度不高的新垦地不能用作直插建园。

2. 施足基肥

直插建园地选定后，按照扦插带进行带状施足基肥。基肥以有机肥为主，施肥时间分春秋两种。秋施结合秋深翻，按确定的施肥带每亩施入有机肥2000～3000kg，施后进行深翻，灌足冬水。春施要求有机肥要进行发酵处理，施肥量同秋施肥相同，施后进行深翻，要求肥料和土壤要充分混合。

3. 整地作垅

施肥深翻后，每块地按667～1000m^{2}打好田埂。按照确定的行距起垅，垅下宽30～35cm，高15～20cm，并要求及时拍实，防止跑墒。垅起好后按株距50cm挖深10cm，长宽各20cm的扦插穴，以备扦插。

4. 土壤施药

为了保证插穗不受地下害虫如蛴螬、金针虫、地老虎、蝼蛄的为害，直插建园必须进行土壤施药，土壤施药药剂有辛硫磷、乐果粉。土壤施药结合施肥一并进行，按照施药量与有机肥掺匀后施入。

5. 取条时间

直插建园对取条时间要求很严格，具体时间按物候期掌握，要求在枸杞母树枝条萌动以后，萌芽之前这一段时间取条，5～7天时间。

6. 取条剪穗

选择采穗圃或枸杞园中品种单株，作为待剪母树，树龄为4～7龄为宜。种条以树冠上层二混强壮枝，选取粗度为0.8～1.2cm，剪成长13～14cm的插穗，每50根为一捆。剪穗时注意剪刀不要挫伤插穗皮部。

7. 种条处理

所用药剂、浓度、处理时间与硬枝扦插育苗相同。

8. 扦插覆膜

处理后的插穗要及时进行扦插，每穴扦插插穗2～4根。扦插前每穴灌水0.5～0.8kg，待穴内无积水时扦插，扦插深度11～13cm，上部留芽1～2个。扦插后过数小时扦插穴覆土一次，覆土后及时覆盖地膜。

9. 破膜放苗

插后20天，插穗就开始发芽生长，要及时检查，凡是插穗长出的新苗顶到地膜时，及时破膜放苗，防止苗木弯曲在地膜内或被烫伤。放苗后要随时用土将破膜处地膜压好，以保持覆膜的效果。

10. 灌水

直插建园第一次灌水的时间是否合适，对直插建园成活率高低影响很大。第一次灌水时间主要依据土壤墒情，以及苗木的生长情况决定，苗木生长高度达到13cm灌头水。第一次灌水量不宜过大，沟底见水即可，灌水深的地方要灌后即撤。以后灌水可根据土壤墒情每隔20～30天灌1次。

11. 修剪

直插建园修剪工作从苗木成活以后就要开始。修剪工作分三个阶段，第一阶段，当苗木生长高度超过15cm后，凡是插穗长出2个或2个以上新梢时，要选生长势强的新梢作为待留苗木，其余从发芽处全部剪除；第二阶段，已留苗木在生长过程中，从发芽处到40cm高的地方发出的侧枝要及时剪去，待苗高长到55cm时要及时摘心，促发侧枝；第三阶段，促发的侧枝在15～20cm短截，促发二次侧枝，加速丰产树型的培养，多留结果枝，提高当年产量。

其余管理参照建园当年苗木管理。

三、新栽枸杞地膜覆盖技术

枸杞新栽后，在树下覆盖1m×1m，厚0.2mm厚的聚乙烯地膜，对改善新栽枸杞周围土层的温度非常有效，对新栽枸杞早成活，快生长，提高栽植当年枸杞乃至栽后2～3年枸杞的产量效果十分显著。

影响新栽枸杞成活迟早的关键因素是地温，只有地温达到根系生长的温度，根系才能生长，才能吸收，才标志着枸杞正式成活。试验表明，新栽枸杞采取地膜覆盖措施后，由于明显地提高了地温，成活时间比未进行覆盖地膜的可提前20天左右；成活后生长快，长势旺，发枝多，基本实现了5月底85%以上的枸杞成活，6月中旬枸杞枝条进入速生阶段，7月中旬开花，8月下旬采果，全年采果时间提前20天以上。在其他综合措施相配套的情况下，秋季10月中旬调查，可增加骨干枝1～2级，增加结果枝条数21%～32%，增加产量31%～46%，主干年生长量0.6～0.8cm，是实现栽植当年枸杞早产的好途径。

新栽枸杞采取地膜覆盖，除了提高地温、提前成活、早发枝、早结果、产量高外，还可减少除草用工，是一项综合效益十分明显的措施。

四、幼龄枸杞增设主干支撑物技术

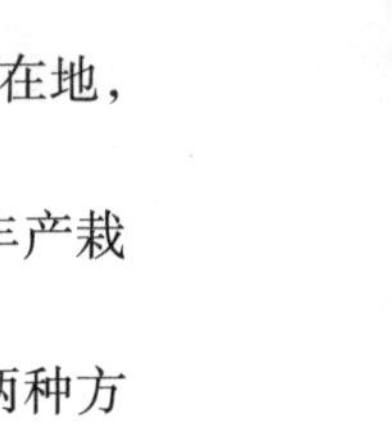

新栽枸杞实现早产、丰产，是每一个枸杞种植户共同追求的目标。要实现早产、丰产栽培，在枸杞生产上，迅速扩大树冠，多培养结果枝条，早结果、多结果的技术问题在生产中容易解决。不易解决的技术问题是迅速扩大的树冠与主干支撑的矛盾，尤其是在风多的地方和灌水之后，普遍存在枸杞植株东倒西歪、树冠压弯在地，严重地影响了幼龄枸杞的树冠培养，毫无疑问也就影响了幼龄枸杞的早产和丰产栽培目的。解决迅速扩大的树冠和主干支撑能力弱的矛盾，试验证明，有以下两种方法简单易行，操作性强，实现早产丰产而且效果好。

方法1：株距栽植密度适中的枸杞园，在苗木成活后，紧挨枸杞主干栽植主干支撑棍。主干支撑棍要求长1.5～1.7m，粗4～5cm的木棍或长1.5～1.6m，粗2～3cm的竹竿。苗木成活后及时将主干绑扎在主干支撑棍上，随着树冠的扩大，树高的增长，在生产季节，分数次及时绑扎，支撑能力很好，完全可以担负起树冠和果实的重量，为幼龄枸杞早期多留枝、多结果创造了条件。将主干及时绑扎在主干支撑棍的工作，除定植当年外，随着树高的增加，第二年、第三年也不能放松。

方法2：株距栽植密度大的枸杞园，枸杞定植后，在枸杞行的两头栽植水泥桩各一个，每行用8～12号铁丝拉线2～3条，将铁丝固定在行两头的水泥桩上。枸杞成活后，树冠扩大后树体与支撑棍的绑扎工作与方法1相同。

五、幼龄枸杞夏季对强壮枝强化短截技术

传统的枸杞修剪技术重点在秋季进行。在生长季节主要是对徒长枝进行疏除修剪，对强壮枝一般放任生长，不疏不截，等到强壮枝失去顶端优势之后，在强壮枝的最上端，生长出少量的结果枝。这些生长很晚的结果枝，虽然也能开花结果，但结果枝条少，枝条短，产量很低。秋季树上长树现象十分普遍，树冠多干生长，树膛郁闭，通风透光差。秋剪时把影响通风透光的大量强壮枝条剪掉，修剪后，能留下的结果枝条少，使之产量无法快速上升。

幼龄枸杞早期丰产综合栽培技术，很关键的技术之一就是强化夏季修剪。具体技术是把大量的修剪时间花费到夏季，最大限度地改造和利用强壮枝，要求从枸杞栽植当年开始，尤其是幼龄枸杞树冠培养期，根据栽植密度，按照确定的树形，从4月下旬开始，重点在5、6月。

强化夏季修剪，对徒长枝除了放顶需要保留之外，树冠、根、主干上的徒长

枝，要早疏，越早越好。强化对强壮枝的修剪，根据不同的树形，改造处理的原则不同。圆柱形树形一般冠幅小，骨干枝级数少，不培养大型结果枝组，对强壮枝一般去强留弱，凡是与主干夹角小于30° 的强壮枝要及时疏除。凡是与主干夹角在30°～60° 的枝条一般留10～15cm不等进行短截，与主干夹角大于60° 的枝条不剪。三层楼树形，对强壮枝凡是与主干夹角小于30° 的枝条要求及时疏除，与主干夹角在30°～60°的强壮枝一般留15cm左右进行短截。短截后发出的枝条，与主干夹角小于30° 的强壮枝继续疏除，凡是与主干夹角在30°～60° 的强壮枝继续短截，与主干夹角大于60° 的枝条不剪不动，先长果枝先开花结果，待到休眠期修剪时 根据具体位置，灵活掌握有疏有截培养成中小型结果枝组。不论是圆柱形树型，还是三层楼树型，对强壮枝强化夏季修剪要进行3～4次，凡是在夏季和秋季早期生长出的强壮枝，只要有生长空间，要连续不断地进行修剪，才能实现多培养结果枝，多结果，早丰产的目的。

六、塑料大棚制干枸杞鲜果技术

枸杞鲜果制干环节是枸杞生产的最最后一个环节。枸杞制干后，干果色泽的好坏，对枸杞价格影响至关重要。传统的枸杞制干技术是把枸杞放在太阳光下，直接晾晒，虽然制干成本低，但卫生条件差，制干时间长，制干后的枸杞干果红果率低，干果经济价值比较低。采用机械设备制干，一次性投资大，对于小面积枸杞种植户不适合。利用塑料大棚制干枸杞鲜果，投资小，制干时间短，制干红果率高，干果经济价值比较高，特别适合中小户枸杞种植户使用。使用塑料大棚制干枸杞鲜果，设备就是一个宽8～10m，长15～60m的弓形塑料大棚和1台排湿风机。投资小，操作简单。枸杞制干时，关键是处理好控制温度和调节湿度这对矛盾（图4-3）。

图4-3　枸杞鲜果塑料拱棚烘干

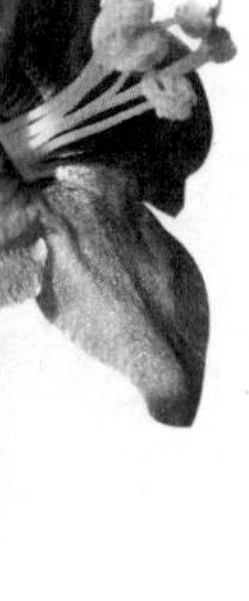

1. **夏天晴天使用弓形塑料大棚**

夏天晴天气温很高，尤其是下午13～17点，大部分气温超过30℃，使用弓形塑料大棚烘干枸杞主要解决排湿与降温。

（1）刚铺的鲜果到果皮部分皱缩前　这一段主要解决排湿和降温，尤其是要控制温度不能超过45℃。温度控制好，枸杞鲜果干后色泽好。棚内温度在45℃时，及时卷起塑料大棚下部棚膜，进行通湿降温；棚内温度在40℃以下时，及时放下塑料大棚下部棚膜，提高棚内温度，保证枸杞鲜果制干速度。

（2）果皮皱缩到干　这一段室内的温度高低对干果色泽影响不大，在湿度能及时排出的情况下，棚内温度越高，果实干得越快。排湿问题可通过打开棚门解决。

2. **夏天阴天及雨天使用弓形塑料大棚的技术要点**

夏天的阴天和雨天，温度较高，湿度很大。一般正在制干的枸杞内部水分自然排不出来，同样棚内的湿度也排不到室外。要保证弓形塑料大棚内的枸杞不发霉，不造成损失，就要充分发挥通湿风机与塑料大棚门的通风作用。

（1）鲜果到果体变软之前　这一段由于果实较硬，从鲜果散失出的水分能及时离开果实周围。在短时间内一般不易长毛发霉。通过交替开启风机和打开塑料大棚棚门，在48小时内一般不会发生果实霉烂。

（2）果实变软到近半干状态　前一段由于果实内部的自由水大部分被排出。这一段排出的水以结合水为主，排出时有部分营养物质被带出，从而为真菌的繁殖提供了能量物质。另外排出果实体外的水分当空气湿度大，空气不流通时，就不容易离开果实表面，所以这一段的枸杞在塑料大棚内最容易发生长毛发霉。这一段使用弓形塑料大棚最关键的技术就是通风排湿。要通过打开弓形塑料大棚棚门，开启风机同时作业。如果下雨不能打开塑料大棚棚门时要连续开动风机，保证排湿。

（3）半干状态的枸杞　这一段的枸杞一般不易发霉长毛，可根据天气状况，充分发挥塑料大棚棚门的通风作用，如果下雨不能打开塑料大棚棚门时，要开动风机，保证排湿效果。

3. 秋季使用弓形塑料大棚的技术要求

秋季较之夏季气温要低，相对湿度也小。尤其是进入10月以后，室外温度很低，而塑料大棚内温度较夏季低得很多。要实现缩短制干时间，关键是如何把大棚内的湿气排出室外，又能保持大棚内温度比棚外高10～15℃的效果。

（1）刚铺的鲜果到果皮皱缩前　和夏季一样主要是解决排湿和降温，但进入10月以后，还要注意保温。在解决排湿问题上，10月以前，可以通过打开塑料大棚棚

门就能解决这个问题。进入10月以后，由于气温低，如果随便开门通湿，塑料大棚内温度降低很快，对热量损失大，解决排湿问题，主要是通过开动风机和稍微卷起大棚左右两侧最下面薄膜可达到通湿的效果。一般卷起高度以10～15cm为宜。

（2）果皮皱缩到干　这一段如果遇到阴天和下雨，要打开塑料大棚棚门和风机，加强排湿。晴天气温高于25℃时，可打开塑料大棚两侧棚膜5～10cm就可达到排湿的目的。气温低于25℃时，一般不打开塑料大棚棚膜，主要是通过开动风机来排湿。

第5章

枸杞药材质量评价

一、道地沿革

《尔雅》"枸檵"，郭璞注"今枸杞也"。《诗经·小雅·四牡》云："载飞载止，集于苞杞。"陆玑疏云："一名苦杞，一名地骨。"枸杞入药则载于《神农本草经》，列为上品。此物别名甚多，有枸忌、地辅、却署、地仙苗、枸橙、苦杞、托虞、仙人杖、西王母杖、羊乳、天精、却老等，或形容其功效，或描述其生态，但所指基本与今用*Lycium barbarum*变化不大。枸杞全株皆入药用，《名医别录》云："春夏采叶，秋采茎实。"今则多以果实及根入药，分别名枸杞子和地骨皮。

枸杞植物分布甚广，《名医别录》谓："生常山平泽及诸丘陵阪岸。"苏颂谓："今处处有之，春生苗，叶如石榴叶而软薄堪食，俗称呼为甜菜。其茎秆高三五尺，作丛。六月、七月生小红紫花，随便结红实，形微长如枣核。其根名地骨。"但唐代开始，即重视西北出产者。《通典》记："张掖郡贡野马皮十张、枸杞子六斗、药二十斤。今甘州。"甘州即今甘肃张掖。到明代，枸杞乃以河西走廊所出者为最优。《本草纲目》云："后世惟取陕西者良，而又以甘州者为绝品。今陕之兰州、灵州、九原以西，枸杞并是大树，其叶厚根粗。河西及甘州者，其子圆如樱桃，暴干紧小，少核，干亦红润甘美，味如葡萄，可作果食，异于他处者。"

综上所述，枸杞主产于宁夏、内蒙古、甘肃、青海、新疆、陕西、河北等地，我国中部和南部一些地区也有引种。

二、规格等级

宁夏枸杞是我国特有的经济树种，又是宁夏的特产作物。枸杞的规格等级，基本上是沿 用枸杞老产区中宁县传统的分等标准。从清朝到中华人民共和国成立初期，枸杞的等级分为贡果、魁元、改王、顶王、枣王和大剪6个等级。分等的依据是根据干果颗粒大小、果实颜色进行的。

1954年我国把枸杞列为二类药材后，枸杞的销售有国家统购统销，当时把枸杞分为特等、甲等、乙等、丙等和等外5个等级。分等的依据基本沿用传统的分等依据。1980年宁夏药品检验所用中宁县生产的枸杞进行测试，制定出枸杞子的质量标准是：杂质不宜超过1%，水分不宜超过13%，灰分不宜超过5.5%，酸不溶性灰分不宜超过0.5%，水溶性浸出物不宜低于38%。这个标准经国家商业部和卫生部颁布。分别为一等、二等、三等、四等和五等。

一等：果皮艳红、红色或紫红，大小均匀，无干籽、油粒、破粒、杂质、虫蛀、霉变。每50g枸杞粒数小于370粒。

二等：果皮艳红或紫色，大小均匀，无干籽、油粒、破粒、杂质、虫蛀、霉变。每50g枸杞粒数小于580粒。

三等：果皮红色或淡红色，大小均匀，无干籽、油粒、破粒、杂质、虫蛀、霉变。每50g枸杞粒数小于900粒。

四等：果皮红色或淡红色，干籽、油粒不超过15%，无杂质、虫蛀、霉变，每

50g枸杞粒数小于1120粒。

五等：果皮色泽深浅不一，破粒、油粒不超过30%，无杂质、虫蛀、霉变，每50g大于1120粒。

2002年由宁夏质量技术监督局提出，由宁夏农林科学院农副产品储藏加工所、宁夏轻工业设计研究院食品发酵研究所，根据枸杞的理化指标、感官指标、卫生指标，把枸杞分为5个级别，分别为贡果、特优、特级、甲级和乙级。同年中华人民共和国国家质量技术监督检验检疫总局和中国国家标准化管理委员会，共同发布了《枸杞子》国际标准GB/T 18672—2002。

2014年有农业部枸杞产品质量监督检验测试中心、宁夏轻工业设计研究院食品发酵研究所、宁夏农林科学院枸杞研究所、宁夏回族自治区标准化协会共同对2002年颁布的国标《枸杞子》进行了修改。修改内容主要是标准名称、理化指标（调整了总糖的数值）、删除了卫生指标及相关内容。现行的枸杞规格等级为特优、特级、甲级和乙级四个等级。各等级的具体指标如下。

（1）特优级　形状：类纺锤形略扁稍皱缩。杂质：不得检出。色泽：果皮鲜红，紫红或枣红色。滋味、气味：具有枸杞应有的滋味、气味。不完善粒质量分数（%）≤1.0。无使用价值颗粒不允许有。粒度（粒/50g）≤280。枸杞多糖（g/100g）≥3.0。水分（g/100g）≤13.0。总糖（g/100g）≥45.0。蛋白质（g/100g）≥10.0。脂肪（g/100g）≤5.0。灰分（g/100g）≤6.0。百粒重（g/100粒）≥17.8。

（2）特级　形状：类纺锤形略扁稍皱缩。杂质：不得检出。色泽：果皮鲜红，紫红或枣红色。滋味、气味：具有枸杞应有的滋味、气味。不完善粒质量分数（%）≤1.5。无使用价值颗粒不允许有。粒度（粒/50g）≤370。枸杞多糖（g/100g）≥3.0。水分（g/100g）≤13.0。总糖（g/100g）≥39.8。蛋白质（g/100g）≥10.0。脂肪（g/100g）≤5.0。灰分（g/100g）≤6.0。百粒重（g/100粒）≥13.5。

（3）甲级　形状：类纺锤形略扁稍皱缩。杂质：不得检出。色泽：果皮鲜红，紫红或枣红色。滋味、气味：具有枸杞应有的滋味、气味。不完善粒质量分数（%）；≤3.0。无使用价值颗粒不允许有。粒度（粒/50g）≤580。枸杞多糖（g/100g）≥3.0。水分（g/100g）≤13.0。总糖（g/100g）≥24.9。蛋白质（g/100g）≥10.0。脂肪（g/100g）≤5.0。灰分（g/100g）≤6.0。百粒重（g/100粒）≥8.6。

（4）乙级　形状：类纺锤形略扁稍皱缩。杂质：不得检出。色泽：果皮鲜红，紫红或枣红色。滋味、气味：具有枸杞应有的滋味、气味。不完善粒质量分数（%）≤3.0。无使用价值颗粒不允许有。粒度（粒/50g）≤900。枸杞多糖（g/100g）≥3.0。水分（g/100g）≤13.0。总糖（g/100g）≥24.8。蛋白质（g/100g）≥10.0。脂肪（g/100g）≤5.0。灰分（g/100g）≤6.0。百粒重（g/100粒）≥5.6。

同年中华人民共和国国家质量技术监督检验检疫总局和中国国家标准化管理委员会，共同发布了《枸杞》国家标准GB/T 18672—2014。

三、药典标准

枸杞子（《中国药典》2015年版）

本品为茄科植物宁夏枸杞 *Lycium barbarum* L.的干燥成熟果实。夏、秋二季果实呈红色时采收，热风烘干，除去果梗，或晾至皮皱后，晒干，除去果梗。

【性状】 本品呈类纺锤形或椭圆形，长6～20mm，直径3～10mm。表面红色或暗红色，顶端有小突起状的花柱痕，基部有白色的果梗痕。果皮柔韧，皱缩；果肉肉质，柔润。种子20～50粒，类肾形，扁而翘，长1.5～1.9mm，宽1～1.7mm，表面浅黄色或棕黄色。气微，味甜。

【鉴别】（1）本品粉末黄橙色或红棕色。外果皮表皮细胞表面观呈类多角形或长多角形，垂周壁平直或细波状弯曲，外平周壁表面有平行的角质条纹。中果皮薄壁细胞呈类多角形，壁薄，胞腔内含橙红色或红棕色球形颗粒。种皮石细胞表面观不规则多角形，壁厚，波状弯曲，层纹清晰。

（2）取本品0.5g，加水35ml，加热煮沸15分钟，放冷，滤过，滤液用乙酸乙酯15ml振摇提取，分取乙酸乙酯液，浓缩至1ml，作为供试品溶液。另取枸杞子对照药材0.5g，同法制成对照药材溶液。照薄层色谱法（通则0502）试验，吸取上述两种溶液各5μl，分别点于同一硅胶G薄层板上，以乙酸乙酯-三氯甲烷-甲酸（3∶2∶1）为展开剂，展开，取出，晾干，置紫外光灯（365nm）下检视。供试品色谱中，在与对照药材色谱相应的位置上，显相同颜色的荧光斑点。

【检查】水分　不得过13.0%（通则0832第二法，温度为80℃）。

总灰分　不得过5.0%（通则2302）。

重金属及有害元素　照铅、镉、砷、汞、铜测定法（通则2321原子吸收分光光度法或电感耦合等离子体质谱法）测定，铅不得过5mg/kg；镉不得过0.3mg/kg；砷不得过2mg/kg；汞不得过0.2mg/kg；铜不得过20mg/kg。

【浸出物】照水溶性浸出物测定法（通则2201）项下的热浸法测定，不得少于55.0%。

【含量测定】枸杞多糖

对照品溶液的制备　取无水葡萄糖对照品25mg，精密称定，置250ml量瓶中，加水适量溶解，稀释至刻度，摇匀，即得（每1ml中含无水葡萄糖0.1mg）。

标准曲线的制备　精密量取对照品溶液0.2、0.4、0.6、0.8、1.0ml，分别置具塞试管中，分别加水补至2.0ml，各精密加入5%苯酚溶液1ml，摇匀，迅速精密加入硫酸5ml，摇匀，放置10分钟，置40℃水浴中保温15分钟，取出，迅速冷却至室温，以相应的试剂为空白，照紫外-可见分光光度法（通则0401），在490nm的波长处测定吸光度，以吸光度为纵坐标，浓度为横坐标，绘制标准曲线。

测定法　取本品粗粉约0.5g，精密称定，加乙醚100ml，加热回流1小时，静置，放冷，小心弃去乙醚液，残渣置水浴上挥尽乙醚。加入80%乙醇100ml，加热回流1小时，趁热滤过，滤渣与滤器用热80%乙醇30ml分次洗涤，滤渣连同滤纸置烧瓶中，加水150ml，加热回流2小时。趁热滤过，用少量热水洗涤滤器，合并滤液与洗液，放冷，移至250ml量瓶中，用水稀释至刻度，摇匀，精密量取1ml，置具塞试管中，加水1.0ml，照标准曲线的制备项下的方法，自“各精密加入5%苯酚溶液1ml”起，依法测定吸光度，从标准曲线上读出供试品溶液中含葡萄糖的重量（mg），计算，即得。

本品按干燥品计算，含枸杞多糖以葡萄糖（$C_6H_{12}O_6$）计，不得少于1.8%。

甜菜碱　取本品剪碎，取约2g，精密称定，加80%甲醇50ml，加热回流1小时，放冷，滤过，用80%甲醇30ml分次洗涤残渣和滤器，合并洗液与滤液，浓缩至10ml，用盐酸调节pH值至1，加入活性炭1g，加热煮沸，放冷，滤过，用水15ml分次洗涤，合并洗液与滤液，加入新配制的2.5%硫氰酸铬铵溶液20ml，搅匀，10℃以下放置3小时。用G_4垂熔漏斗滤过，沉淀用少量冰水洗涤，抽干，残渣加丙酮溶解，转移至5ml量瓶中，加丙酮至刻度，摇匀，作为供试品溶液。另取甜菜碱对照品适量，精密称定，加盐酸甲醇溶液（0.5→100）制成每1ml含4mg的溶液，作为对照品溶液。照薄层色谱法（通则0502）试验，精密吸取供试品溶液5μl、对照品溶液3μl与6μl，分别交叉点于同一硅胶G薄层板上，以丙酮-无水乙醇-盐酸（10∶6∶1）为展开剂，预饱和30分钟，展开，取出，挥干溶剂，立即喷以新配制的改良碘化铋钾试液，放置1～3小时至斑点清晰，照薄层色谱法（通则0502）进行扫描，波长：λ_S=515nm，λ_R=590nm，测量供试品吸光度积分值与对照品吸光度积分值，计算，即得。

本品按干燥品计算，含甜菜碱（$C_5H_{11}NO_2$）不得少于0.30%。

第6章

枸杞现代研究与应用

一、化学成分

枸杞的化学成分有：γ-氨基丁酸、β-香树脂醇、维生素C、阿托品、甜菜碱、菜油甾醇、β-胡萝卜素、胆甾醇、桂皮酸、柠檬甾二烯醇、隐黄素、环木菠萝烷醇、环桉烯醇、甘氨酸、莨菪碱、β-紫罗兰酮、羊毛甾醇、顺式-9-顺式-12-亚油酸、羽扇豆醇、24-甲基-5，24-胆甾二烯醇、4α-甲基-胆甾烯醇、24-亚甲基胆甾醇、24-甲烯基环阿屯醇、24-亚甲基-8-羊毛甾烯醇、4α-甲基-24-乙基-7，24-胆甾二烯醇、24-甲基胆甾烯醇、24-甲基-31-去甲羊毛甾-9（11）-烯醇、烟酸、31-去甲环木菠萝烷醇、酸浆果红素、大黄素甲醚双葡萄糖苷、藏红花醛、东莨菪素、β-谷甾醇、豆甾醇、牛磺酸、色氨酸、维生素B_1、维生素B_2、玉米黄素等。

宁夏枸杞的成熟果实含甜菜碱（betane），阿托品（atropine），天仙子胺（gyoscyamine）。又含玉米黄质，酸浆果红素，隐黄质（cryptosxanthin），东莨菪素（scopoletin），胡萝卜素，硫胺素，维生素B_2，烟酸，维生素C。种子含氨基酸：天冬氨酸，脯氨酸，丙氨酸，亮氨酸，苯丙氨酸（pheny-lalanine），丝氨酸（serine），甘氨酸，谷氨酸（glutamic acid），半胱氨酸（cysteine），赖氨酸（lysine），精氨酸（arginine），异亮氨酸（isoleucine），苏氨酸（threonine），组氨酸，酪氨酸，色氨酸，蛋氨酸（methionine）。还含钾、钙、钠、锌、铁、铜、铬、锶、铅、镍、镉、钴、镁等元素。另含具促进免疫作用的多糖，含量为7.09%。又含牛磺酸，γ-氨基丁酸表6-1和表6-2。

表6-1 宁夏枸杞主要营养成分测定结果（100g计）

成分	枸杞鲜果	真空冷冻枸杞干果	枸杞子	枸杞叶	枸杞柄
粗脂肪（g）	1.87	8.33	7.14	4.68	3.09
粗蛋白（g）	3.13	11.25	12.10	14.20	14.80
碳水化合物（g）	9.13	65.47	57.82	39.40	45.36
热量（kcal）	65.87	381.90	343.9	256.5	26.5
钙（mg）	22.52	81.00	111.5	5915	1087
磷（mg）	56.04	256.3	203.1	179.0	111.3
铁（mg）	1.33	6.47	8.42	89.2	65.6
胡萝卜素（mg）	19.61	2.66	7.38	4.33	1.78
烟酸（mg）	0.67	2.23	4.32	15.92	8.78
维生素C（mg）	42.60	73.16	18.40	30.16	16.15

表6-2 宁夏枸杞氨基酸含量测定结果（%）

名称	总量	游离	水溶蛋白	名称	总量	游离	水溶蛋白
天门冬氨酸	1.76	1.21	0.40	亮氨酸	0.30	0.09	0.03
苏氨酸	0.29	0.07	0.07	酪氨酸	0.16	0.05	/
丝氨酸	0.43	0.14	0.11	苯丙氨酸	0.16	0.06	0.02
谷氨酸	1.27	0.63	0.28	赖氨酸	0.16	0.02	0.02
甘氨酸	0.19	0.04	0.03	氨	0.58	0.30	0.07
丙氨酸	0.64	0.37	0.18	组氨酸	0.10	0.04	0.02
半胱氨酸	/	/	/	精氨酸	0.45	0.19	0.09
缬氨酸	0.26	0.05	0.05	色氨酸	/	/	/
蛋氨酸	0.04	/	/	脯氨酸	0.91	0.65	0.13
异亮氨酸	0.20	0.04	0.04	总和	7.90	3.95	1.54

二、药理作用

枸杞味甘，性平。主要归肝、肾、肺经。其甘补平和，质润多液，入肾可益精充髓助阳，走肝能补血明目，归肺以润肺止咳。为滋阴助阳，益精补血之良药。凡肝肾不足和肺肾阴虚所致诸症，均可应用。其化学成分主要含胡萝卜素、硫胺素、维生素B_2、烟酸、维生素C、β-谷甾醇、亚油酸、玉米黄素、甜菜碱、酸浆果红素及微量元素等。现代研究报道，枸杞具有如下药理作用。

1. 对免疫功能的影响

有增强非特异性免疫作用，小鼠灌服枸杞子水提取物或肌注醇提取物和枸杞多糖，均有提高巨噬细胞的吞噬功能，增强血清溶菌酶的作用，提高血清中抗绵羊红细胞抗体的效价，还能增加鼠脾脏中抗绵羊红细胞的抗体形成细胞的数量。

2. 延缓衰老作用

枸杞提取液0.5mg/kg小鼠灌胃，共20日可明显抑制肝LPO生成，并使血中谷肽过氧化物酶（GSH-Px）活力和红细胞超氧化物歧化酶（SOD）活力提高；人体试验显示可明显抑制血清LPO生成，使血中GSH-Px活力增高，但红细胞SOD活力未见升高，提示枸杞提取液具有延缓衰老作用。

3. 抗肝损伤

甜菜碱盐酸盐能使大鼠血清和肝内的磷脂明显增加，对长期给予四氯化碳所致的大鼠磷脂下降及胆固醇升高具有明显的保护作用，水溶性提取物亦有类似作用，但稍弱。

4. 降血糖

枸杞提取物可显著而持久降低大鼠血糖，增加糖耐量，且毒性较小。另外，该品还有抗肿瘤、促进造血功能等作用。

5. 补肾功能

通过观察应用枸杞多糖、维生素E–C合剂等抗衰老药物后，老年鼠肾细胞线粒体超微结构、ATP合成量以及脂质过氧化产物丙二醛水平的改变，发现长期服用维生素E–C合剂或枸杞多糖均可在一定程度上起到对抗自由基的作用，使肾组织丙二醛水平下降，预防线粒体老化，使其功能有所改善。

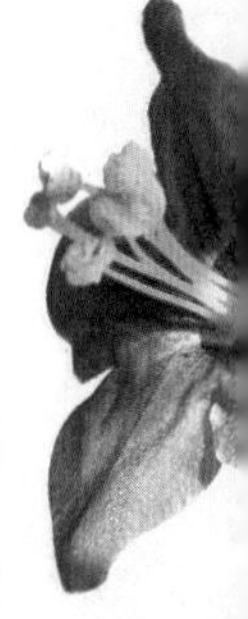

枸杞子是滋补肝肾的佳品。从《诗经》“集于苞杞”时起，枸杞子便用于医药，迄今已有3000余年的历史。枸杞子之名始见于《神农本草经》，并列为上品，千百年来深受人们的喜爱。晋朝葛洪单用枸杞子捣汁滴目，治疗眼科疾患；唐代孙思邈用枸杞子配合其他药制成补肝丸，治疗肝经虚寒，目暗不明；唐代李梴《医学入门》中的五子衍宗丸，就是用枸杞配合菟丝子等做成蜜丸，用淡盐水送服，治疗男子阳痿早泄、久不生育、须发早白及小便后余沥不禁。枸杞子在增强性功能方面具有独特的作用，中国民间流传甚广的“君行千里，莫食枸杞”的名言，就是讲枸杞具有很强的激发性功能的作用，对离家远行的青年男女不宜。但是，对于在家的男女和那些性功能减弱的人来说，多食枸杞或其制品，又是非常必要的。对于肾虚的人，枸杞子无疑是最受欢迎的美味与妙药，更是一种不可多得的保健营养品。大诗人陆游到老年，因两目昏花，视物模糊，常吃枸杞治疗，因此而做“雪霁茅堂钟磬清，晨斋枸杞一杯羹”的诗句。枸杞子是古今养生的最佳选择，有延年益寿之功。历代医家着重于枸杞子的滋补肝肾作用，近年来人们对枸杞子的化学成分和药理作用有了进一步的认识，在临床上扩大了其使用范围。

6. 保肝功能

在枸杞多糖对四氯化碳所致小鼠肝损伤修复作用的形态学研究中论述道：48只雄性昆明种小白鼠分为4组，肝损伤组（12只）给予CCl_4皮下注射；肝损伤盐水组（12只）除给予CCl_4外，用生理盐水灌胃7天；对照组（12只）皮下注射生理盐水、自来水灌胃。结果治疗组与损伤组及损伤盐水组相比，肝小叶损伤区域缩小，肝细胞中脂滴减少，细胞核增大，RNA及核仁增多，糖原增加，SDH、G-6-Pase活性增强，粗面内质网恢复瓶型排列，线粒体形态结构恢复、数量增加。表明枸杞多糖对肝损伤有修复作用，其机制可能是通过阻止内质网的损伤，促进蛋白质合成及解毒作用，恢复肝细胞的功能，并促进肝细胞的再生。

7. 抗脂肪肝作用

大鼠长期（75天）口服枸杞子中的甜菜碱，可升高血及肝中的磷脂水平；事先或同时服用甜菜碱可对抗四氯化碳引起的大鼠肝中磷脂、总胆固醇含量的降低，并有所提高；对BSP、SGP-T、碱性磷酸酯酶、胆碱酯酶等均有改善作用。主要是甜菜碱在体内起甲基供应体的作用。

8. 对血压的作用

枸杞子水溶性提取物20mg/kg静脉注射可使麻醉兔血压降低，呼吸兴奋；注射阿托品切断两侧迷走神经可以消除其降压作用；对离体兔心呈抑制作用，并使兔耳血管收缩，甲醇、丙酮等有机溶剂提取物也有轻微降压作用。

9. 抗疲劳作用

枸杞子煎剂对小鼠羟脯氨酸含量和耐缺氧和抗疲劳作用的影响：羟脯氨酸（hydroxyproline）是胶原纤维与蛋白质中的一种氨基酸，是脯氨酸羟化而来。人体在衰老过程中，由于氧供应不足，影响脯氨酸的羟化过程，因而造成老年人的胶原中羟脯氨酸含量低下，主要脏器缩小变形，重量减轻。由于肺功能受影响，肺活量下降，储备能力减少，抵抗力减退，肌力下降，耐缺氧、抗疲劳能力下降。因此羟脯氨酸含量与衰老有关。枸杞子煎剂（13.23%浓度）给予小鼠灌胃0.3ml/20g，每天1次，30天后羟脯氨酸浓度与对照比较增加率达15.49%。耐缺氧能力实验、抗疲劳实验与对照比较亦有非常显著的差异（$P<0.01$）。

10. 抗肿瘤作用

体外试验表明，枸杞子、叶对人胃腺癌KATO-Ⅲ细胞，枸杞果柄、叶对人宫颈癌Hela细胞均有明显抑制作用，其作用机制主要表现在抑制细胞DNA合成，干扰细胞分裂，细胞再殖能力下降。枸杞子冻干粉混悬液和环磷酰胺联合用药，治疗大鼠Walker癌肉瘤256，发现其对环磷酰胺导致的白细胞减少有明显保护作用。

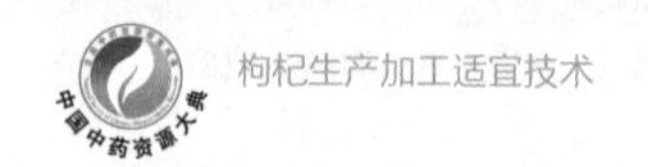

11. 其他作用

饲料中加入甜菜碱（4～6g/kg或8g/kg），可增加雌、雄雏鸡的体重，增加产蛋量。小鼠灌胃参杞膏1：10的稀释液（每天0.2ml）14天，可使体重明显增加，超过对照组1倍，且动物毛色光泽，肌肉丰满，血色鲜红。此外，枸杞子和甜菜碱对CCl_4引起的肝损害有保护作用。

三、应用

（一）枸杞子的综合利用

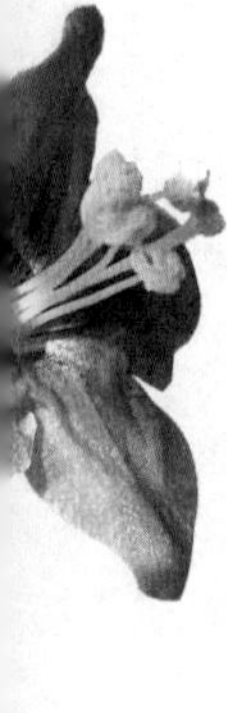

1. 枸杞子多糖提取

从枸杞中分离得到了多种枸杞多糖组分及其复蛋白（LbGP），由于习惯统称为枸杞多糖合物。枸杞糖（LBP）属于多聚糖类，以阿拉伯糖、鼠李糖、木糖、甘露糖、半乳糖、葡萄糖与半乳糖醛酸组成的酸性杂多糖同多肽或蛋白质构成的复合多糖为主，还含有中性杂多糖和葡聚糖同多肽或蛋白质构成的复合多糖。复合多糖中的糖链呈多分枝的复杂结构，肽链的氨基酸含量为5%～30%。药理实验表明，枸杞子多糖有免疫、抗癌、降血脂、抗血栓及延缓衰老等多种重要作用，其中以小分子的复合多糖的生理活性最强。

根据枸杞果实细胞的特点及其含有大量的还原糖（40%～50%）、不宜粉碎等情况，采用机械成浆或剪碎成细粒后再进行提取。植物细胞组织外多有脂质包围，要使多糖释放出来，第一步就是用有机溶剂回流先除去试样表面脂肪，再用80%的乙醇回流提出单糖、低聚糖、苷类等干扰成分。然后用热水提取其中的多糖成分，把水液浓缩后用乙醇沉淀出粗多糖，最后提纯烘干，即得枸杞糖精品。另一种方法，直接用热水提取，离心除去水不溶性杂质，把水溶液浓缩后加乙醇沉淀出多糖，使大量其他水溶性杂质分离。

2. 枸杞色素提取

枸杞色素是存在于枸杞浆果中各种呈色物质的总称，是枸杞的重要生理活性成分。具有提高人体免疫功能，防止肿瘤形成及预防动脉粥样硬化的作用。枸杞中的色素有玉米黄质及其软脂酸质——酸浆果红素和隐黄质，以及类胡萝卜素、一羟叶黄素和二羟叶黄素。枸杞鲜果色素中β-胡萝卜素含量较高，是提取天然色素β-胡萝卜素的理想原料，利用超滤和超临界CO_2萃取技术可以获得纯度较高的β-胡萝卜素，可广泛应用于食品、化妆品和医药制药行业，具有广阔的开发前景。

3. 枸杞β-胡萝卜素提取

枸杞子中类胡萝卜素可分为游离胡萝卜素和类胡萝卜素脂肪酸酯。游离类胡萝卜素包括β-胡萝卜素、β-隐黄质和玉米黄质；类胡萝卜素脂肪酸主要为玉米黄质双棕榈酸酯、玉米黄质单棕榈酸酯和β-隐黄质棕榈酸酯。某研究测得枸杞子中β-隐黄质3.25mg/100g、玉米黄质14.90mg/100g、β-隐黄质棕榈酸酯14.57mg/100g、玉米黄质双棕榈酸酯192.20mg/100g。玉米黄质双棕榈酸酯对热不稳定，对光极不稳定。用柱层析法测定枸杞鲜果中胡萝卜素，结果表明β-胡萝卜素含量高达96.00mg/100g，柱回收率为91.00%。HPLC测定进一步表明提取的色素92.42%为β-胡萝卜素。从以上研究结果可以看出，枸杞色素中β-胡萝卜素含量之高为其他植物所罕见，已远远超过β-胡萝卜素含量较丰富的胡萝卜（β-胡萝卜素含量3.62mg/100g）和野生植物鸡眼草（β-胡萝卜素含量12.6mg/100g）。

现代临床医学研究证明β-胡萝卜素具有刺激免疫防止癌变、防治心血管疾病的生理功能。β-胡萝卜素是极好的抗氧化剂，在人体内能起到清除自由基的作用，因而能提高人体免疫功能，并起到预防癌变、防止肿瘤转移和动脉粥样硬化的作用。此外，β-胡萝卜素还对结肠癌、胃肠癌、口腔溃疡、皮肤病等有很好的疗效，并可降低肺癌、胃癌、食管癌、前列腺癌的发病率。β-胡萝卜素是维生素A源，具有维生素A的生物活性，研究成果表明β-胡萝卜素可迅速降解血液中的尼古丁，这一新功能的揭示为开发抗尼古丁的功能性食品和其他产品提供了一条新思路与科学依据，这将造福广大吸烟和被动吸烟人群。

4. 叶黄素的提取

齐宗韶从宁夏枸杞中分离出一羟叶黄素和二羟叶黄素，并测得它们的含量分别是5.45、16.03mg/100g。叶黄素对老年性视网膜黄斑退化（AMD）有预防作用，改善老年人视力衰退，预防老年性黄斑变性所导致的盲眼病以及肌肉退化症引发的不能恢复的盲眼病，还可以增加眼睛的营养，改善眼睛疾病的症状，如眼胀、眼痛、干涩、流泪、畏光等。另外对预防乳腺癌的发生、降低心脏病的发病率也有一定的作用。美国营养学家建议：在日常生活中，应注意补充叶黄素，成人每日应摄入6mg的叶黄素。

枸杞叶黄素的提取方法还鲜见报道，主要是参考金盏花或万寿菊中叶黄素的提取方法，有微波提取法、超临界CO_2萃取法、膜分离技术、干燥法、相色谱分析法、改良的高效色谱分析法、溶剂萃取法。

5. 枸杞玉米黄素的提取方法

枸杞中的玉米黄素是所有蔬果中最高的。玉米黄素是一种油溶性色素，已被欧美等许多国家批准为食用色素。大量流行病学的调查和研究也表明，玉米黄素在减少癌症的发生和发展、增强免疫功能、减少心血管疾病发病率和视觉保护等方面具有独特的生理功能。因此，玉米黄素既可以作为生产保健食品的添加剂，还可以做食品抗氧化剂和天然着色剂。通常以玉米蛋白粉为主要原料进行玉米黄素的提取，目前主要采用有机溶剂法和超临界CO_2萃取法。枸杞中玉米黄素的提取方法大体相同，只是在前期对原料预处理有所不同。先把枸杞浆果通过过滤离心冷冻干燥提取制成枸杞色素粗粉，再从色素粗粉中提取枸杞玉米黄素。

（二）枸杞花粉

枸杞花粉和其他花粉一样，是自然界赋予人类的优质营养物质，含有各种人体所需的成分，其化学组成相当全面、复杂。各种花粉因植物种类不同，所含成分种类及含量也不同。不同季节生产的花粉成分及含量也有差异，但差异不大。枸杞花粉所含营养成分大致是：蛋白质20%～25%，氨基酸总量20%以上，游离氨基酸1%～2%，碳水化合物40%～50%，脂肪5%～10%，矿物质2%～3%，木质素10%～15%，3%～4%的未知物质；还有丰富的维生素、微量元素、酶类、核酸、激素、黄酮类、生物活性物质等多种营养物质。日本横滨市立大学教授岩波洋造博士在所著《植物的性》一书中指出："花粉几乎含有自然界全部营养素"。因此被人们誉为"微型营养库"。

花粉能为人体补充营养要素，提高免疫力，增强新陈代谢，调节内分泌功能，增加应激能力等多方面功能。冯静仪等用"枸杞花粉口服液"对小鼠进行实验，显示了"枸杞花粉口服液"可以提高机体免疫功能，特别是促进与肿瘤免疫有密切相关的T淋巴细胞和巨噬细胞的免疫活性，以增强机体抗肿瘤的作用。花粉有效地防治前列腺病，也能治疗精神抑郁综合征、身体疲惫衰弱和酒精中毒，花粉还治疗高脂血症和动脉粥样硬化症。

（三）枸杞叶、芽

我国古代的枸杞生产，除了药用之外，还有作为蔬菜栽培的。宋朝宰相苏颂撰修的《图经本草》记载了菜类枸杞，采春苗吃，俗称"甜菜"。唐宋以来，有关菜类枸杞的记载颇多。但是，李时珍仅在《集解》这一节的末尾附带写了菜枸杞："种树书言，收子及掘根种于肥壤中，待苗生，剪为蔬食，甚佳。"

据《要药分剂》论述：天精草（枸杞叶）"入心、肺、脾、肾四经"。其主治功用如：治五劳七伤、房事衰弱、气衰腰脚疼痛、急性结膜炎、视力减退及夜盲，治痔疮炎肿、年少妇女白带等。可按上述主治，选方制剂为药品。因此枸杞叶无论是食用还是医用都是很好的佳品。据日本《药学研究》《药学杂志》及《医学中央杂志》等报道，枸杞叶含甜菜碱、芸香苷、维生素C、β-谷瑙醇-β-D-葡萄糖苷。干枸杞叶的热水浸出液中，含有肌苷、6-氧嘌呤、胞啶酸、尿苷酸极少量的琥珀酸、焦草酸及多量的谷氨酸、天门冬氨酸、脯氨酸、酪氨酸、精氨酸等。

1. 枸杞叶茶

枸杞叶经过炒制成茶，茶色泽褐绿，茶汁为绿黄色，口感清香甘醇，具有滋补健身之功效。常饮无任何副作用，也用作其他保健饮料的原料（图6-1）。

图6-1　枸杞叶茶

2. 无果枸杞芽

无果枸杞芽是采用在深山中生长的野生枸杞与优质品种“宁杞1号”进行种间杂交，培育出的新品种。它不开花、不结果，采摘食用的是嫩芽部，营养很丰富，可以炒制成茶泡饮，或直接作为蔬菜食用。

枸杞芽具有消热毒，散疮肿，解面毒，消青春痘，祛风明目，防止高血压及高血脂，提高身体免疫，减肥等功效。现在枸杞嫩芽不仅是当地人餐桌上的“绿色蔬菜”，而且推上了酒店、餐厅等大雅之堂。例如枸杞芽方便菜、枸杞蔬菜卷等，无果枸杞芽茶比枸杞叶茶品质更加清香甘醇。

（四）枸杞柄

枸杞柄是生产枸杞过程中的废弃物，一直被作为废品处理。然而枸杞柄中含有多种微量元素和十多种人体所需的各种营养元素，尤其是所含的甜菜碱和锌、钒的含量比枸杞果还多，经过有效处理和应用，它是一种非常好的保健食品。可以把枸杞柄粉碎成1000～2000目的超细粉，可以做食品膳食纤维添加剂或作为药材配伍，也可以制成袋装茶饮用。枸杞柄中所含的叶绿素也有助于肝脏的解毒，同时还能改善肝功能。

（五）枸杞籽油

枸杞籽是枸杞的种子，含有孕育生命发育和生长的丰富而全面的生物活性物质，枸杞籽油中含亚油酸68.3%，油酸19.1%，γ-亚麻酸3.1%，α-亚麻酸1.3%，维生素E 27mg/100g，β-胡萝卜素170mg/100g，磷脂0.25%，并含有铜、锰、锌多种微量元素和生物活性物质表皮生长因子、SOD等，具有丰富的营养、药用、保健作用，能够降低血管胆固醇，防止动脉粥样硬化，增强视力，防止糖尿病、高血压、青光眼，对预防及辅助治疗肥胖症等有一定功效，同时对婴儿大脑和幼儿心脏发育及组织细胞生长发育有益。在枸杞籽油中的磷脂可以抗衰老、降血脂、防止肝内脂肪聚集等。另外，枸杞籽油含有85%以上的必需脂肪酸（EFA），如亚麻油仁酸、次亚麻油仁酸、花生四烯酸均是人体生理需求不能或缺的。SOD在枸杞籽油中含量为84 390U/g，仅低于人体肝脏组织的含量，能清除生物氧化产生的阴离子而起到保护细胞作用，对抗衰老及护肤养颜有重要的应用价值。枸杞籽油中的含硒0.093μg/g，而硒是联合国卫生组织确认的人体必需的微量元素之一，具有维持人类机体抗病能力、保护眼组织和皮肤、保护心脏和肝脏、防止体内产生毒性物质等重要功能。

枸杞籽油的提取方法可以采取压榨法、有机溶剂浸出法、超临界CO_2萃取法，采用超临界CO_2萃取法萃取的产品无残留溶剂，操作是在无氧和常温条件下进行的，可防止提取的有效成分氧化变性，并能将原料中的农药和杀虫剂等除去，使产品成为绿色制品。目前市场最多见的产品是枸杞油丸，是非常好的抗衰老的保健食品，深受广大消费者的喜爱。

（六）枸杞根（地骨皮）

地骨皮为茄科植物枸杞的干燥根皮，主要成分为生物碱类、有机酸类、八肽化合物，如魏秀丽等分得的莨菪亭、大黄素甲醚、大黄素、东莨菪苷、香草酸、芹菜素、蒙花苷、紫丁香酸葡萄糖苷、地骨皮苷甲；周兴旺等分得的为β–谷甾醇、盐酸甜菜碱、莨菪亭、阿魏酸二十八酯等化合物。

中医药理论认为，地骨皮归肺、肝、肾经，可按其主治选方制剂。如地骨皮治骨蒸肌热，解一切虚烦躁，生津液，骨节烦热或寒，治小儿肺盛，气急喘嗽，消渴日夜饮水不止，时行目暴肿痒痛，风虫牙痛，耳聋、有脓水不止，肠风痔漏，下血不止，痔疾。现代药理研究表明地骨皮具有降血压，降血糖，解热，抗菌及抗病毒等活性。根据中药本草学记载，地骨皮气味苦寒，《本草纲目》记载地骨皮“能泻肝肾虚热，能凉血而补正气，治五内邪热，吐血尿血，咳嗽消渴，外治肌热虚汗，上

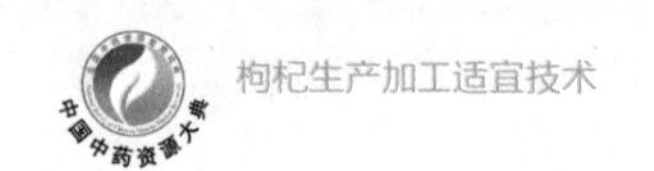

除头风痛，中平胸肋痛，下利大小肠”。有民间验方每日用地骨皮三钱，大杞子三钱，煎水代作一部分茶水饮用，对糖尿病患者，有减少口干口渴以及疲倦状态的效果，还可以治疗化脓性溃疡、褥疮、直肠息肉、尖锐湿斑等。

地骨皮中含有丰富的多糖，可以从中提取，提取工艺目前文献报道较多的提取方法普遍是以热水提取、乙醇沉淀，Sevag法除去蛋白，透析除去无机盐及小分子等杂质，最后醇沉，乙醚、无水乙醇、丙酮脱水，得多糖粗品。

总之，现代科学测试分析和临床试验证明，枸杞全身是宝，如果能够做到物尽其用，不但能够使其变废为宝，而且利用副料提取高附加值产物，开发新产品，大大提高枸杞加工企业的经济效益，促进产业升级，对推动枸杞加工产业具有重要意义。

第7章

枸杞加工与开发

一、有效成分的提取

准确称取已于70℃烘干并粉碎的枸杞子2g于三角瓶中，按设计好的正交实验条件在恒温水浴中进行提取，然后将其以4000转/分钟离心18分钟，得上清液，经浓缩，再加入5倍体积的乙醇，摇匀后，在4℃冰箱中放置过夜，以4000转/分钟离心20分钟，沉淀，经干燥后得到粗多糖。

二、市场动态与应用前景

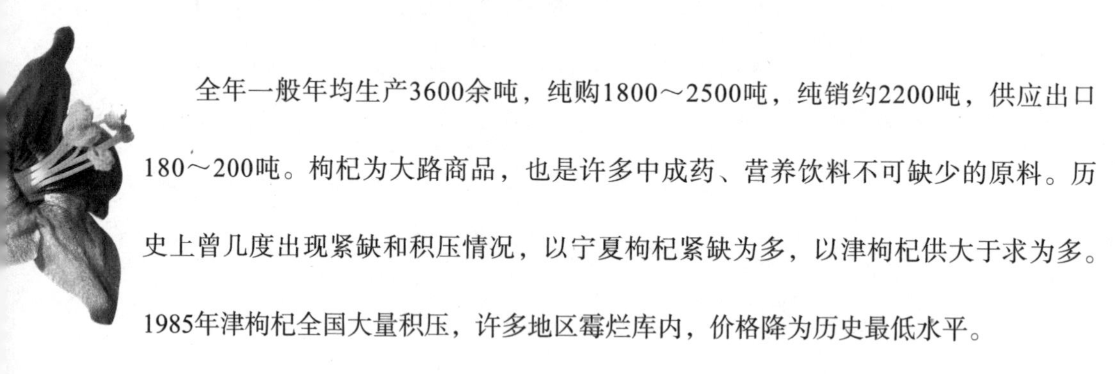

全年一般年均生产3600余吨，纯购1800～2500吨，纯销约2200吨，供应出口180～200吨。枸杞为大路商品，也是许多中成药、营养饮料不可缺少的原料。历史上曾几度出现紧缺和积压情况，以宁夏枸杞紧缺为多，以津枸杞供大于求为多。1985年津枸杞全国大量积压，许多地区霉烂库内，价格降为历史最低水平。

三、药用价值与经济价值

（一）枸杞药用价值

宁夏枸杞中含有单糖、多糖、脂肪、蛋白质、淀粉、甜菜碱、玉米黄质、酸浆红素、胡萝卜素、硫胺素、维生素B_2、烟酸、维生素C、十八种氨基酸及铁、锌、锂、硒、锗、钙、磷、钾等微量元素。宁夏枸杞拥有得天独厚的地域种植优势、悠久的种植历史和先进的标准化技术，是中国唯一枸杞原产地地域保护产品，以粒大、味甜、肉厚、籽少而品质居上；以营养价值极为丰富、比例协调、有效成分活性高、滋补养生作用佳而享誉全球。宁夏枸杞的甜菜碱、枸杞多糖、类胡萝卜素、氨基酸、维生素、微量元素等有效成分含量明显高于其他产地，作为药食同源的枸杞，它的养生功效十分强大。

1. 免疫调节

增强免疫功能的机制是通过调节中枢下丘脑与外周免疫器官脾脏交感神经释放去甲肾上腺素等单胺递质，及肾上腺皮质释放皮质激素等环节相互而实现的。在枸杞多糖调节下，机体在自身免疫力范围内可回升到正常幅度。

2. 抗衰老

自由基学说认为，老年人体内积累过多的自由基，它与生物膜中不饱和脂肪酸形成过氧化脂质（LPO），进而引起细胞破裂和进行性病变，而枸杞子能较强地抑制过氧化脂质的生成，从而达到抗氧化作用，进而增强机体抗衰老作用。并且枸杞及其多糖也具有一定的抗衰老作用。

免疫衰老与T细胞凋亡密切相关。枸杞多糖（LBP）可明显提高吞噬细胞的吞噬功能，提高T淋巴细胞的增殖能力。

3. 抗肿瘤

枸杞多糖不仅是一种调节免疫反应的生物反应调节剂，而且可通过神经–内分泌–免疫调节网络发挥抗癌作用。

4. 抗疲劳

枸杞多糖能显著地增加小鼠肌糖原、肝糖原储备量，提高运动前后血液乳酸脱氢酶总活力；降低小鼠剧烈运动后血尿素氮增加量，加快运动后血尿素氮的清除速率，表明枸杞多糖对消除疲劳具有十分明显的作用。

5. 抗辐射损伤

枸杞子有抗γ射线辐射、保护机体的作用。可作为辅助药配合放疗等抗肿瘤药，减轻放疗的毒副作用，提高疗效，保护机体的免疫功能。

6. 调节血脂

枸杞子能有效降低高血脂大鼠血清中甘油三酯和胆固醇含量，具有明显的降血脂功能，调节脂类代谢，对预防心血管疾病具有积极作用。

7. 降血糖

枸杞多糖明显增强受损胰岛细胞内SOD（超氧化物歧化酶）的活性，提高了胰岛细胞的抗氧化能力，减轻了过氧化物对细胞的损伤，降低丙二醛生成量，表明枸杞多糖对胰岛细胞有一定的保护作用。

8. 降血压

枸杞多糖可降低大鼠收缩期、舒张期血压；降低血浆及血管中丙二醛、内皮素含量，增加降钙素基因相关肽的释放，防止高血压形成。

9. 保护生殖系统

枸杞多糖可使睾丸损伤大鼠的血清性激素水平升高；增加睾丸、附睾的脏器系数，提高大鼠睾丸组织SOD活性，降低丙二醛含量，使受损的睾丸组织恢复到接近正常。

10. 提高视力

人体的视网膜光感受器是由视黄醇（维生素A）和视蛋白所构成，而枸杞中所含的β-胡萝卜素可生成人体所需的视黄醇，因此可提高视力，防止黄斑症。

11. 提高呼吸道抗病能力

枸杞中的维生素A（β-胡萝卜素转化后）具有维持上皮组织的正常生长与分化的功能，充足时可预防鼻、咽、喉和其他呼吸道感染，从而提高了呼吸道抗病能力。

12. 美容养颜、滋润肌肤

皮肤衰老主要是由于人体自由基氧化所造成的，而枸杞中所含的枸杞多糖、β-胡萝卜素是强力的抗氧化剂，加之微量元素硒和维生素E的协同作用，形成了强大的抗氧化作用；另外，维生素A（β-胡萝卜素转化后）可维持上皮组织的生长与分化，可防止皮肤干燥和毛囊角质化，从而起到美容养颜、滋润肌肤的作用。

13. 保肝、抗脂肪肝的作用

枸杞子中所含的甜菜碱有抑制脂肪在肝细胞内沉积、促进肝细胞新生的作用，同时可防止四氯化碳引起的肝功能紊乱。

14. 增强造血功能

枸杞多糖可保护白细胞，减轻毒副作用，促进机体造血功能的恢复。

（二）经济价值

枸杞作为药食两用的食品有悠久的历史。

（1）枸杞可以作为食材，可以鲜食，烹调，煲汤，泡茶等。

（2）作为保健食品的主要原料，提高产品附加值。

1. 枸杞酒

枸杞酒有两种：一种是用枸杞鲜果破碎、接种、低温发酵，生产枸杞发酵酒，有枸杞干红、枸杞白兰地；一种是用枸杞干果浸出液或枸杞鲜果果汁勾兑于白酒之中，生产枸杞配制酒。

2. 枸杞多糖

枸杞的保健作用主要成分是枸杞多糖。枸杞多糖是把枸杞干鲜果破碎、取汁、水溶过滤、超滤、真空升华干燥等工艺精制而成，生产含量不同的枸杞多糖原粉，有枸杞多糖胶囊、枸杞泡腾片等产品，有食用方便，保健效果更佳的功效。

3. 枸杞茶

以枸杞果、叶、果柄为原料，经科学配方加工而成的天然保健饮料。该产品能增强人体免疫力，对人体癌细胞有抑制作用和保肝、降血糖作用，久服能延年益寿。近年来，经过科技开发，又研制生产出了无果枸杞芽茶，对枸杞茶的功效进行了提升。

4. 枸杞汁饮料

以枸杞汁为原料，辅以其他果汁或营养成分，用科学方法加工精制而成的枸杞保健饮料，含有枸杞的各种营养成分，是人们常饮的功能营养品。

5. **枸杞籽油**

以枸杞种子为原料通过现代科学技术超临界二氧化碳萃取技术精制而成。枸杞油富含超氧化酶（SOD），还含有大量的不饱和脂肪酸，有防止高血脂和动脉粥样硬化症，促进大脑发育、抗衰老、养颜美容等功效。

6. **枸杞软糖**

以白沙糖、淀粉糖浆、琼脂为原料再加枸杞混合添加剂及色素等加工而成的保健食品。因枸杞软糖含有枸杞果实的营养成分，故有枸杞子的保健作用。

7. **枸杞蜂蜜**

枸杞蜂蜜有两种：第一种是在枸杞生产季节，将蜂箱搬到田间地头，利用蜜蜂自采枸杞花粉酿得；第二种是将其他花蜜中加入枸杞的有效成分提炼所得，有抗衰老、养颜益寿的保健功效。

8. **枸杞香醋**

枸杞香醋有两种：一种是在制醋生产工艺中加入一定数量的鲜枸杞汁或枸杞干果进行发酵生产的香醋；另一种是将生产好的食醋中加入枸杞有效成分提炼而成。有降血压、降血脂、养颜益寿的保健作用。

（三）枸杞的其他利用

1. **盐碱、沙荒地造林的先锋树种**

利用枸杞的抗旱、抗高温、耐低温、抗盐碱特性，绿化盐碱沙荒地，提高地区生态效益。

2. 绿化观赏树种

枸杞生育期，集绿叶、紫花、红果于一身，枝条婀娜多姿，叶片翠绿清秀，花朵万紫千红，果实玲珑剔透，枝条柔轻，易于造形，极具观赏价值，可用于公园美化，街道绿化，庭院栽种，制作盆景，具有“花紫果红叶翠绿，细枝飘舞现奇景”的效果，不但为人类健康带来福音，还为观光旅游产业增添了花色景点。

3. 可作为优良的畜禽饲料

枸杞叶、果柄、嫩枝条营养丰富，粗蛋白含量高达14%，维生素种类多且丰富。油货、碳果等杂果可作为良好的饲料添加剂，已被畜牧业作为优良饲料开发利用。

参考文献

[1]《中国植物志》编委会．中国植物志［M］．北京：科学出版社，1978.

[2] 彭成．中华道地药材：中册[M]．北京：中国中医药出版社，2011：1538.

[3] 周家驹，谢桂荣，严新建．中药原植物化学成分手册[M]．北京：化学工业出版社，2004：1177.

[4] 刘长建，姜波，刘亮，等．范圣第枸杞子多糖提取工艺优化及体外抗氧化活性研究［J］．时珍国医国药，2009，20（3）：662.

[5] 张贵君．中药商品学［M］．2版．北京：人民卫生出版社，2008：219.

[6] 胡忠庆．枸杞优质高产高效综合栽培技术［M］．银川：宁夏人民出版社，2004.

[7] 李丁仁，李爽，曹弘哲．宁夏枸杞［M］．银川：宁夏人民出版社，2012.

[8] 曹有龙，何军．枸杞栽培学［M］．银川：阳光出版社，2013.

[9] 何嘉，孙海霞．枸杞病害防治技术规程：DB64/T 850—2013［S］．宁夏回族自治区质量技术监督局，2013-04-16.

[10] 张蓉，何嘉．枸杞虫害防治技术规程：DB64/T 851—2013［S］．宁夏回族自治区质量技术监督局，2013-04-16.